더 에센셜

THE
ESSENTIAL

고아라

식생활문화를 전공으로 대학원 시절을 보내던 어느 여름 날, 프라푸치노라는 음료 한 잔에 매료되어 문득 미국이라는 나라가 궁금해 무작정 뉴욕으로 떠났다. 2년간 뉴욕에서 식문화를 배우고 체험하며 음료에 대한 다양한 경험을 쌓았다. 이후 SPC그룹 특채로 입사해 10년간 음료 개발자로 일하며 대중에게 사랑받는 수많은 음료를 개발했다. 스타벅스 음료 개발자로 마지막 회사 생활을 마무리한 후 '도쿄빙수'를 창업해 토마토 빙수 신드롬을 일으키며 큰 성공을 거뒀고, 2017년에 론칭한 브랜드 '너의 요구'로 그릭요거트 시장의 성장에도 이바지했다. 현재는 이 두 개의 브랜드를 운영하며 기업 메뉴 컨설팅과 자문, 원료를 개발하고 상품화하는 B2B 사업까지 병행하고 있다.

@ @dolce_unni

THE ESSENTIAL
작은 카페를 위한 필수 음료 가이드 북

초판 1쇄 인쇄	2024년 09월 25일
초판 1쇄 발행	2024년 10월 10일

지은이 고아라 | **펴낸이** 박윤선 | **발행처** (주)더테이블

기획·편집 박윤선 | **교정·교열** 김영란 | **디자인** 김보라 | **사진** 박성영 | **스타일링** 이화영

영업·마케팅 김남권, 조용훈, 문성빈 | **경영지원** 김효선, 이정민

주소 경기도 부천시 조마루로385번길 122 삼보테크노타워 2002호

홈페이지 www.icoxpublish.com | **쇼핑몰** www.baek2.kr (백두도서쇼핑몰) | **인스타그램** @thetable_book

이메일 thetable_book@naver.com | **전화** 032) 674-5685 | **팩스** 032) 676-5685

등록 2022년 8월 4일 제 386-2022-000050 호 | **ISBN** 979-11-92855-14-1 (13590)

더 테이블
THE TABLE

CAFE BEVERAGE SERIES ①

"
작은 공간, 큰 성공을 위한
전문가의 솔루션
"

더 에 센 셜
THE ESSENTIAL

작은 카페를 위한
필수 음료 가이드 북

고아라 지음

더 테 이 블

저자의 말

스무 살 여름 생에 처음으로 맛본 녹차 프라푸치노는 정말 끝내주는 맛이었습니다. 당시 '스타벅스'는 지금처럼 대중에게 각인된 브랜드는 아니었기에, 시간이 지나면서도 녹차 프라푸치노의 맛만 기억에 남았습니다. 그렇게 한동안은 처음 생긴 스타벅스 1호점에서 맛본 그 음료에 푹 빠져 지냈고, 문득 녹차 프라푸치노를 만든 나라가 궁금해졌습니다. 미국 스타벅스에는 더 맛있는 음료가 있는지, 그 나라의 카페 분위기는 어떤지에 대해 관심이 생기기 시작했고, 그렇게 저는 음료 한 잔의 강렬한 인상 하나로 미국이라는 나라로 훌쩍 떠나게 되었습니다.

뉴욕에서의 2년 동안 가고 싶은, 가봤던, 가봐야 할 카페를 구분하여 다이어리에 적어 하나씩 방문하며 카페에 온전히 빠지는 시간을 보냈습니다. 규모가 크고 화려한 카페도 많았지만 저는 동네의 작은 카페를 특히 좋아했습니다. 어떤 날은 빨래를 기다리며 마신 드립 커피와 모양이 삐뚤빼뚤한 비스코티 한 조각이 위로되었고, 청소를 하다가 창문을 열면 원두 볶는 향이 폴폴 풍기는 집 앞 카페의 따뜻함도 좋았습니다. 큰 카페가 아닌 작은 카페가 고객에게 기억될 수 있는 이유는 그만의 독창성, 따뜻함, 친절함, 소담함 때문이라는 것을 이때 알게 된 것 같습니다.

마치 카페와 저는 뗄 수 없는 사이처럼 우리는 그렇게 꼭 붙어 다녔고, 그렇게 2년의 시간이 지나 한국으로 돌아와 SPC 그룹의 음료 개발자로 일을 시작하게 되었습니다.

음료를 먹어본 경험은 많았지만 음료를 개발하는 것은 낯설었던 저는 음료에 들어가는 원료 하나하나를 공부하고 기억하는 것부터 시작했습니다. 지방 함량에 따른 우유, 로스팅 정도에 따른 원두, 각각의 향에 따른 시럽, 입자에 따른 파우더, 물성에 따른 소스, 음료에서 사용되는 여러 가지 과일과 초콜릿 등 원재료를 완전히 이해하기 위해 직접 먹어보고 섞어보며 조합하는 작업은 계속되었습니다. 트렌드를 빠르게 파악하여 음료를 기획하고, 많은 점포가 동일한 맛을 낼 수 있도록 원료를 제작하며, 그 원료로 어울리는 음료를 개발하는 일을 하면서 어느덧 10년 차에 접어들었습니다.

SPC 그룹(파리바게뜨, 던킨도너츠, 배스킨라빈스, 쉐이크쉑, 잠바주스 등) 안에서의 경험은 어떤 음료든 만들어 낼 수 있는 감각과 능력을 키워주었습니다. 퇴사 전 마지막으로 맡았던 업무는 미국 쉐이크쉑(SHAKE SHACK)을 한국에 세팅하는 일이었는데, 제가 맡은 파트는 음료 파트로 커피, 밀크셰이크, 레몬에이드, 티 음료, 아이스크림 등을 한국에 도입하는 일이었습니다. TFT(Task Force Team)에 합류해 뉴욕 쉐이크쉑 본사에서 회의를 하고 있으니 10년 전 뉴욕에 도착해 처음 먹었던 쉐이크쉑 버거가 생각나 감회가 새로웠습니다.

음료 개발자로 꼭 일해보고 싶었던 스타벅스에서 근무하던 중, 문득 나만의 브랜드를 갖고 싶다는 생각이 들었습니다. 그리고 진정한 소비자의 목소리를 듣기 위해 오너의 입맛이 아닌 현장의 목소리를 직접 듣고 싶다는 생각이 들었습니다. 그렇게 저는 27세에 시작한 회사 생활을 마무리하고 '무식하면 용감하다'는 말을 실천하듯 창업 시장에 뛰어들었습니다. 낯설지만 동네가 꼭 마음에 들었던 망원동에 저의 첫 가게인 '도쿄 빙수'를 열었습니다. 7평 남짓한 작은 매장에서 정말 큰 인기를 얻었던 메뉴는 '토마토 빙수'였는데 어렸을 때 엄마가 만들어준 토마토 설탕 절임을 모티브로 만든 메뉴였습니다. 부드럽게 간 얼음에 달콤한 연유와 토마토 소스를 올리고 후추를 살짝 뿌려 마무리한 이 빙수는 그해 큰 인기를 끌어 기쁘기도 했지만, 한편으로는 대기업, 소기업 할 것 없이 무분별하게 카피 제품 또한 많이 생기면서 착잡한 마음이 들기도 했습니다.

도쿄 빙수의 시작과 그 과정을 모두 자세히 이야기할 수는 없지만 그때의 감정만 떠올리자면 시작하는 순간부터 지금까지 설렘, 기쁨, 두려움, 무서움, 기대감이 매 순간 함께했던 것 같습니다.

음료를 기획하고 개발하는 일을 한지 어느덧 18년의 세월이 지나고 있지만 늘 트렌드에 민감해야 하고 새로운 원료에 촉각을 세워야 하는 일이라 아직도 봄, 여름, 가을, 겨울 어느 계절 하나 여유 있게 보내지는 못합니다. 기획한 음료가 경쟁사에서 먼저 출시되면 아쉬움이 크고, 출시한 음료의 반응이 좋지 않으면 절망감을 느끼기도 합니다. 항상 다른 사람보다 트렌드를 빠르게 파악하고 메뉴를 출시해야 하는 것이 몸에 배어 있어 혼자 카페를 가도 메뉴 3~4개는 기본으로 먹어보고, 원료나 기계를 사서 테스트해보는 데 시간이나 돈을 아끼지 않습니다.

매해 12월이면 한 해를 정리하고, 1월이면 다음 해를 계획하는 기록을 하면서 늘 빠지지 않았던 항목이 바로 음료 레시피 책을 출간하는 계획이었습니다. 적당한 시기에 좋은 출판사를 만나면 지금까지 제가 테스트하고 개발한 많은 음료들을 함께 나누고 싶다는 생각을 항상 가지고 있었습니다. 그러다 우연히 그 기회를 만나게 되었고 편집장님과 책의 주제와 내용 등을 논의하던 중, 소형 카페 사업자에게 실질적인 도움이 될 만한 책을 만들자는 의견 일치로 이 책을 출간하게 되었습니다.

한 사람의 직업이 여러 개가 되는 요즘, 두 명 중 한 명은 자신의 카페를 꿈꾸는 것 같습니다. 퇴사를 꿈꾸는 직장인, 시골로 내려가 미래를 기대하는 예비 귀촌자들, 육아로 꿈을 접었다가 다시 도약하는 사람들, 모두가 한 번쯤은 자신의 카페를 머릿속으로 그려봅니다. 이 책은 현재 카페를 운영 중이거나 '언젠가 카페를 꿈꾸는 누군가'를 위해, 음료 메뉴의 기본이 되는 지침서가 되고자 합니다.

음료는 카페의 심장입니다. 훌륭한 음료는 고객을 사로잡고 그들의 입맛을 만족시키며 카페의 성공을 좌우합니다. 매일 새로운 음료를 개발하거나 기존 음료를 개선하는 일은 필수적입니다. 고객의 기대는 날로 높아지고 시장의 트렌드는 빠르게 변하기 때문입니다. 이러한 환경에서 경쟁력을 유지하려면 신뢰할 수 있는 레시피와 창의적인 아이디어가 필요합니다.

이 책에서는 디테일한 이론을 다루기보다는 실무에서 바로 활용할 수 있는 현실적인 음료 레시피를 제안합니다. 그간 음료 개발자로 쌓아온 노하우와 경험을 바탕으로 음료 레시피에 대한 깊이 있는 이해를 돕고자 했습니다. 이 책에서는 카페 음료의 기본이 되는 커피 메뉴부터 시즌 음료, 시그니처 음료, 알코올이 포함된 하이볼까지 다양하게 다루고 있습니다. 음료를 만드는 과정에서 얻은 다양한 팁과 노하우는 카페를 운영하고 있거나, 언젠가 카페를 꿈꾸는 분들에게 유의미한 자료가 될 것입니다.

제 유일한 취미는 카페를 찾아다니며 음료를 마시고 기억을 담아내는 것입니다. 어쩌면 하나의 취미가 너무 뚜렷해 다른 것들이 눈에 들어오지 않았던 것 같습니다. 이렇게 한 가지 일을 온전히 즐기다 보니 어느덧 18년이 되었고 이 분야의 전문가가 되었습니다.

늘 바쁘게 살아가는 저를 도와주고 응원해 주는 세상에서 가장 사랑하는 나의 엄마, 박금화 여사에게 감사의 말씀을 전합니다. 멋진 엄마로 성장할 수 있도록 동기를 주는 두 딸, 서진과 서하 늘 사랑합니다. 함께하는 나의 벗 성론, 순조롭게 작업을 마무리할 수 있도록 도와주신 박윤선 편집장님, 오래 만났든 짧게 만났든 지금 이 순간 각자의 영역에서 열심히 활동하고 있는 동기들, 스태프들, 친구들, 가족들 모두 고맙습니다. 마지막으로 어딘가에서 이 책을 읽고 계실 현재와 미래의 카페 사장님들께도 응원의 용기를 보냅니다.

2024년 여름의 끝자락에서
저자 **고아라**

CONTENTS

Coffee 커피

Latte 라테

6
생딸기 베리 라테

072

* 음료에 사용하는 과일의 수확 시기,
과일 베이스 선택하기 ... 077

7
제주 말차 바닐라 라테

078

8
발로나 초콜릿 라테

084

* 초콜릿 블렌딩 ... 088

Soda 소다

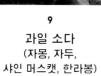

9
과일 소다
(자몽, 자두,
샤인 머스캣, 한라봉)

092

* 시럽과 꿀의 차이 ... 100

10
바닐라빈 레몬 소다

102

11
누텔라 초콜릿 소다

106

Tea & Variation 티 & 베리에이션

12
자두 히비스커스 티

13
허니 자몽 블랙 티

14
애플 캐모마일 시나몬 티

15
얼그레이 바닐라 밀크 티

16
제주 말차 밀크 티

17
히비스커스 핑크 밀크 티

Signature 시그니처

18
리치 로얄 밀크 티
150

19
아보카도 에스프레소
154

20
시나몬 링고 라테
158

21
흑임자 크림 슈페너
164

22
땅콩 크림 슈페너
168

* 아인슈페너 크림 레시피 ... 171

23
모로 오렌지 라즈베리 팡팡
172

* 음료의 장식으로 사용되는
   허브의 종류 ... 176

24
애플 패션 바닐라
178

25
히비스커스 뱅쇼
182

Highball 하이볼

Ice

26
생레몬 하이볼

188

Ice

27
바닐라 얼그레이 하이볼

192

Ice

28
히비스커스 복분자 하이볼

196

Ice

29
수박 밀크 하이볼

200

Ice

30
샤인 머스캣 라임 하이볼

204

소형 카페는 보통 20평 미만의 공간에서 운영되는 개인 카페로, 일반적으로 10평에서 18평 사이가 가장 많으며, 매장을 운영하는 위치나 고객의 기호에 맞춰 메뉴를 구성하는 것이 중요합니다. 메뉴는 대형 카페보다 간소하게 구성하고, 기본 메뉴에 포인트 메뉴를 추가하여 효율적으로 운영하는 것이 좋습니다.

이 파트에서는 상권이나 평수에 따른 운영 가이드와 메뉴 구성을 제안합니다. 작은 카페일수록 재료 순환을 고려한 메뉴를 구성한다면, 재료 관리와 비용 절감이 용이해질 것입니다.

상권별
카페 메뉴 &
운영 가이드

카페 운영 가이드
① 오피스 상권

오피스 상권의 카페는 주로 직장인들을 대상으로 하며, 보통 오전 7시부터 저녁 6시까지 운영됩니다. 주말과 공휴일에는 운영 시간을 단축하거나 문을 닫는 경우가 많습니다.

직장인들은 시간이 부족하기 때문에 빠르게 커피나 음료를 제공하는 것이 중요합니다. 점심시간에 집중되는 고객층을 겨냥하여 점심시간 할인 이벤트나 세트 메뉴를 제공하는 마케팅 전략이 효과적입니다.

예 1) 만 원 세트
아메리카노 2잔 + 와플 & 쿠키
아메리카노 + 쿠키 + 삶은 달걀 2개
아메리카노 + 베이글 + 쿠키
아메리카노 + 샌드위치 + 초코바

예 2) 9,900원 세트
아메리카노 + 그릭요거트볼
아메리카노 + 그릭요거트 & 바게트

테이크아웃 비율이 높으므로, 미리 컵과 기본 음료를 세팅해 주문이 들어오면 신속하게 제공할 수 있도록 합니다. 또한 합리적인 가격을 설정해 직장인의 만족도를 높일 수 있도록 하는 것이 중요합니다.

● 커피 메뉴의 판매가 높은 상권인 만큼 기본 커피 메뉴에 디카페인 원두, 대체 우유(귀리 음료, 아몬드 음료)를 선택할 수 있도록 합니다.
　예 오틀리 아몬드 라테(64p), 흑임자 크림 슈페너(164p), 땅콩 크림 슈페너(168p)

● 출근 시간에 빠르게 제공할 수 있는 메뉴를 구성하고 시그니처 메뉴로 홍보해 구매를 유도하는 것이 좋습니다. 특히 베이스를 미리 만들어 두고 판매할 수 있는 메뉴나 완제 시판 주스를 사용하는 메뉴가 효율적입니다.
　예 리치 로얄 밀크 티(150p), 모로 오렌지 라즈베리 팡팡(172p), 애플 패션 바닐라(178p)

● 식사 대용으로 마실 수 있는 포만감 높은 음료를 구성하고 출근 시간이나 점심시간에 적극적으로 홍보합니다.
　예 아보카도 에스프레소(154p)

● 주류 판매가 허가된 카페라면 하이볼 메뉴를 1~2가지 판매하는 것도 좋습니다.

COFFEE

아메리카노
디카페인 아메리카노
카페 라테
딥 바닐라빈 라테
우틀리 아몬드 라테

LATTE

생딸기 베리 라테
발로나 초콜릿 라테

SODA

과일 소다(샤인 머스캣/자두)
바닐라빈 레몬 소다

TEA

자두 히비스커스 티
허니 자몽 블랙 티
애플 캐모마일 시나몬 티
얼그레이 바닐라 밀크 티
히비스커스 핑크 밀크 티

SIGNATURE

아보카도 에스프레소
흑임자 크림 슈페너
모로 오렌지 라즈베리 팡팡

HIGHBALL

생레몬 하이볼

카페 운영 가이드
② 동네 상권

주거 공간이 밀집해 있는 동네 카페는 다른 상권과 다르게 연령층이 다양한 것이 특징입니다. 손님의 절반 이상을 단골로 만들어야 살아남을 수 있는 만큼 손님의 취향이나 특이점(알레르기, 선호 메뉴 등)을 기억하는 세심함이 필요합니다.

친근한 분위기 또한 중요한 요소입니다. 신규 손님을 늘리는 것도 중요하지만 단골 손님에게 집중하는 것이 더 중요한 상권입니다. 오전 커피 할인 이벤트나 10+1 쿠폰으로 재방문을 유도합니다. 야외 공간이 있다면 반려견을 위한 도그 파킹 존을 마련하는 것도 좋고, 부담스럽지 않은 가격대의 테이크아웃용 세트 메뉴를 구성해 객단가를 높이는 것도 좋은 방법입니다.

동네 주민과 함께하는 플리마켓이나 이벤트 등의 마케팅도 효과적일 수 있습니다. 동네 주민들과의 친목을 도모하면서 단골을 늘릴 수 있습니다.

동네 상권의 경우 휴무 없이 매일 운영하는 것이 좋지만 현실적으로 불가능하다면, 오픈 초반에 한 달 동안 매일 운영해 보면서 방문객 수나 매출을 파악한 후 휴무일을 정하는 것이 좋습니다.

단체 손님의 방문을 대비해 이동 동선을 고려한 자리 재배치를 염두에 두고 대비하는 것이 좋습니다.

- -

- 디카페인 커피의 수요는 상권과 관계없이 높아지고 있으며, 연령대가 높은 고객일수록 저녁 시간에 디카페인 커피나 음료의 주문률이 높으므로 디카페인 커피나 음료는 필수입니다.
- 딸기 음료 또한 상권과 관계없이 가장 높은 판매를 기록하는 메뉴 중 하나입니다. 생딸기 시즌 우리 가게만의 수제 딸기 베이스로 라테를 만들어 시즌 메뉴로 홍보해도 좋고, 시판 베이스를 활용해 고정 메뉴로 판매하는 것도 좋습니다.
- 동네 카페의 경우 연령층이 다양하므로 커피를 선호하지 않는 손님을 위해 티 베리에이션 음료를 2~3가지 판매하는 것을 추천합니다. 또한 유당불내증이 있거나 대체 우유에 관심이 있는 손님을 위해 귀리 음료나 아몬드 음료의 선택지를 주거나 이를 활용한 음료를 판매하는 것도 좋은 방법입니다.
- 주류 판매가 허가된 카페라면 하이볼 메뉴를 1~2가지 판매하는 것도 좋습니다.

COFFEE

아메리카노

디카페인 아메리카노

카페 라테

딥 바닐라빈 라테

오틀리 아몬드 라테

LATTE

생딸기 베리 라테

SODA

과일 소다(자두)

TEA

자두 히비스커스 티

애플 캐모마일 시나몬 티

얼그레이 바닐라 밀크 티

SIGNATURE

리치 로얄 밀크 티

아보카도 에스프레소

흑임자 크림 슈페너

땅콩 크림 슈페너

히비스커스 뱅쇼

HIGHBALL

바닐라 얼그레이 하이볼

카페 운영 가이드
③ 대학교 상권

대학교에 인접한 카페의 경우 학교와 학생들의 일정(방학, 수업 시간 등)에 맞춰 운영 시간을 설정하는 것이 중요합니다.

배달이 필수인 상권이며, 메뉴는 되도록 저렴한 가격대를 유지하고 가성비 좋은 세트 메뉴를 구성하는 것이 좋습니다.

예 아메리카노 + 그릭요거트볼
  아메리카노 + 1/2 샌드위치

콘센트가 있는 넓은 테이블로 단골 손님을 확보할 수 있습니다. 또한 동아리 모임이나 학교의 소규모 행사에 협력하면 단골 손님을 늘릴 수 있고 카페의 매출도 올릴 수 있습니다.

- -

● 젊은 층에서 선호하는 달콤한 커피, 음료 메뉴는 필수입니다.
  예 딥 바닐라빈 라테(56p), 발로나 초콜릿 라테(84p), 누텔라 초콜릿 소다(106p)

● 학생들이 집중되는 시간(등교 시간, 점심시간)에 빠르게 제공할 수 있는 메뉴를 구성하고 시그니처 메뉴로 홍보해 구매를 유도하는 것이 좋습니다. 특히 베이스를 미리 만들어 두고 판매할 수 있는 메뉴나 완제 시판 주스를 사용하는 메뉴가 효율적입니다.
  예 리치 로얄 밀크 티(150p), 모로 오렌지 라즈베리 팡팡(172p), 애플 패션 바닐라(178p)

● 트렌드에 민감한 젊은 층이 밀집된 상권인 만큼 그 해 유행하는 원료(두바이초콜릿, 타피오카, 달고나 등)를 경쟁 카페보다 빠르게 메뉴로 개발해 판매하는 것이 중요합니다.

● 맛도 맛이지만 SNS에 올리고 싶을 만큼 매력적인 비주얼 또한 중요한 상권입니다. 시선을 끄는 컬러, 화려하고 재미있는 토핑에 집중해 다른 카페와의 차별을 둡니다.
  예 자두 히비스커스 티(112p), 히비스커스 핑크 밀크 티(144p)

● 음료가 예쁘게 나올 수 있는 우리 카페만의 이미지가 담긴 포토존을 마련하는 것도 좋은 방법입니다. 손님들이 직접 SNS 올려주는 것만큼 좋은 마케팅도 없기 때문입니다.

COFFEE

아메리카노
카페 라테
딥 바닐라빈 라테
오틀리 아몬드 라테

LATTE

생딸기 베리 라테
제주 말차 바닐라 라테
발로나 초콜릿 라테

SODA

과일 소다(샤인 머스캣/자두/자몽)
바닐라빈 레몬 소다

TEA

자두 히비스커스 티
허니 자몽 블랙 티
얼그레이 바닐라 밀크 티
히비스커스 핑크 밀크 티

SIGNATURE

아보카도 에스프레소
흑임자 크림 슈페너
땅콩 크림 슈페너
모로 오렌지 라즈베리 팡팡

카페 운영 가이드
④ 관광지 상권

관광지 상권의 카페는 인테리어가 유니크하고 사진 찍기 좋은 분위기로 꾸미는 것이
좋습니다. 또한 지역 특산물을 연상할 수 있는 음료와 푸드 메뉴를 구성하면 관광객들
에게 매력적으로 다가갈 수 있습니다.

외국인 고객을 위해 기본적인 영어와 다양한 결제 수단을 준비해 두는 것도 중요합니
다. 또한 테이크아웃 비율이 높으므로 집중되는 시간에 빠르게 음료를 제공할 수 있도
록 기본적인 프랩(베이스 준비)을 미리 준비해 놓는 것이 필요합니다.

- 테이크아웃 비율이 높으므로 빠르게 제공할 수 있는 메뉴를 구성하고 시그니처 메뉴로
  홍보해 구매를 유도하는 것이 좋습니다. 특히 베이스를 미리 만들어 두고 판매할 수
  있는 메뉴나 완제 시판 주스를 사용하는 메뉴가 효율적입니다.
  (예) 리치 로얄 밀크 티(150p), 모로 오렌지 라즈베리 팡팡(172p), 애플 패션 바닐라(178p)

- 주류 판매가 허가된 카페라면 하이볼 메뉴를 1~2가지 판매하는 것도 좋습니다. 주류
  판매를 할 수 없는 카페라도 탄산수, 럼 시럽이나 위스키 시럽을 활용한 무알코올
  하이볼 메뉴를 판매하는 것이 좋습니다.

- 휴가를 즐기러 온 손님들이 대부분인 상권인 만큼 사진 찍기 매력적인 메뉴를 구성하는
  것이 중요합니다. 생과일이나 허브를 올려 화려하게 장식한 에이드 등 사진을 찍게
  만들고 싶은 비주얼로 만드는 것이 중요합니다.
  (예) 과일 소다(92p)

- 가족 단위의 손님이 많은 만큼 아이들을 위한 음료는 필수입니다.
  (예) 발로나 초콜릿 라테(84p), 생딸기 베리 라테(72p)

- 기본적인 커피 메뉴에 지역의 특산물이나 제철 재료를 활용한 시그니처 메뉴 1~2가지
  를 추가하는 것이 좋습니다.
  (예) 생딸기 베리 라테(72p), 제주 말차 밀크 티(138p)

- 너무 많은 메뉴를 구성하는 것보다 집중할 수 있게 4~6가지의 카테고리 안에서
  메뉴를 세팅하는 것이 좋습니다.

COFFEE

아메리카노
카페 라테
딥 바닐라빈 라테

LATTE

생딸기 베리 라테
발로나 초콜릿 라테

SODA

과일 소다(자두)

TEA

자두 히비스커스 티

SIGNATURE

흑임자 크림 슈페너
모로 오렌지 라즈베리 팡팡
애플 패션 바닐라

HIGHBALL

바닐라 얼그레이 하이볼
수박 밀크 하이볼
샤인 머스캣 라임 하이볼

카페 운영 가이드
⑤ 10평대 카페

동네에서 흔히 볼 수 있는 카페들은 대부분 1인 운영 형태인 경우가 많습니다. 이런 경우, 재료의 빠른 순환을 위해 비슷한 제품군으로 메뉴를 구성하는 것이 좋습니다.

작은 공간에서 기본적인 메뉴를 충실히 제공하면서도, 흔한 메뉴 외에 카페만의 특색을 살린 1~2개의 시그니처 메뉴를 추가하여 고객의 재방문을 유도하는 것도 중요합니다.

- 작은 규모의 카페이지만 고객을 배려하는 느낌이 들 수 있도록 디카페인 원두를 구비해 선택지를 주는 것이 좋습니다. 이때 원두의 순환을 고려해 1kg가 아닌, 소량(200g 또는 500g)으로 발주하고, 원두의 산화를 방지하기 위해 원두 보관 전용 진공 용기에 보관해 사용하는 것이 좋습니다.

- 작은 카페는 공간보다 메뉴로 경쟁력을 가져야 합니다. 다른 매장과 확실하게 차별되는 우리 가게만의 킥 메뉴가 필요합니다.
  - 예 오틀리 아몬드 라테(64p), 생딸기 베리 라테(72p), 아보카도 에스프레소(154p)

- 원료의 빠른 순환을 위해 한 가지 메인 맛을 가진 메뉴를 정하고, 여기에서 파생될 수 있는 메뉴를 구성합니다.
  - 예 생딸기 라테, 생딸기 소다, 생딸기 그릭 요거트 등

COFFEE

아메리카노

디카페인 아메리카노

카페 라테

딥 바닐라빈 라테

오틀리 아몬드 라테

LATTE

생딸기 베리 라테

발로나 초콜릿 라테

SODA

과일 소다(자두)

TEA

자두 히비스커스 티

허니 자몽 블랙 티

SIGNATURE

리치 로얄 밀크 티

아보카도 에스프레소

흑임자 크림 슈페너

땅콩 크림 슈페너

카페 운영 가이드
⑥ 20평대 카페

20평대 카페를 1인이 운영할 경우 주문, 제조, 서비스까지 동선이 넓어지므로 이 모든 것을 혼자서 처리하는 것은 쉽지 않습니다. 따라서 시간대에 맞춰 파트타임 직원을 고용하여 운영의 효율성을 높이는 것이 중요합니다.

또한 시간적 여유가 있다면 싱글 오리진 원두를 추가하여 고객에게 더 많은 선택지를 제공함으로써 카페의 전문성을 강조할 수 있습니다. 단체 손님을 대비해 디카페인 음료를 포함하는 것도 필수입니다.

기본 메뉴 외에도 가게만의 개성을 드러내는 시그니처 메뉴 3~4개를 구성하여 고객들에게 특별한 경험을 제공하는 것이 좋습니다.

- 10평 이하의 작은 카페보다 커피 메뉴의 구성을 높여 커피 전문점이라는 인식이 들 수 있도록 합니다. 디카페인 원두, 대체 우유(귀리 음료, 아몬드 음료)를 선택할 수 있게 하는 것도 좋은 방법입니다.
  - 예 오틀리 아몬드 라테(64p), 흑임자 크림 슈페너(164p), 땅콩 크림 슈페너(168p), 아보카도 에스프레소(154p)

- 주류 판매가 허가된 카페라면 하이볼 메뉴를 1~2가지 판매하는 것도 좋습니다. 주류 판매를 할 수 없는 카페라도 탄산수, 럼 시럽이나 위스키 시럽을 활용한 무알코올 하이볼 메뉴를 판매하는 것이 좋습니다.

- 기본 커피 메뉴 외에 특색 있는 메뉴를 추가하는 것이 좋습니다. 익숙한 메뉴이지만 우리 가게만의 킥이 들어간 매력적인 메뉴를 구성하는 것도 좋은 방법입니다. 이름만 들어도 맛이 상상되는 익숙한 메뉴는 손님들에게 쉽게 선택을 받을 수 있으며, 여기에 우리 가게만의 킥이 들어 있다면 만족도는 더 높아질 것입니다.
  - 예 허니 자몽 블랙 티(120p), 제주 말차 밀크 티(138p), 히비스커스 뱅쇼(182p)

COFFEE

아메리카노

디카페인 아메리카노

카페 라테

딥 바닐라빈 라테

오틀리 아몬드 라테

LATTE

제주 말차 바닐라 라테

SODA

과일 소다(자두/자몽)

TEA

자두 히비스커스 티

허니 자몽 블랙 티

얼그레이 바닐라 밀크 티

SIGNATURE

아보카도 에스프레소

흑임자 크림 슈페너

히비스커스 뱅쇼

모로 오렌지 라즈베리 팡팡

HIGHBALL

바닐라 얼그레이 하이볼

수박 밀크 하이볼

카페 운영 가이드
⑦ 30평대 카페

30평대 카페는 크고 여유 있는 공간이 장점인 만큼 메뉴 구성이 너무 단순하면 허전해 보일 수 있습니다. 따라서 기본 메뉴를 유지하면서도 시각적으로 매력적인 시그니처 메뉴 4~5가지를 추가하는 것이 좋습니다.

또한 고객의 다양한 요구를 충족하기 위해 싱글 오리진 커피, 핸드드립 커피, 콜드브루 등 고급 커피 메뉴를 포함시키는 것도 카페의 신뢰도를 높이는 방법입니다.

다양한 고객의 취향을 고려하여 커피(디카페인 포함), 아인슈페너, 소다, 라테, 하이볼, 티 등 주요 카테고리의 대표 메뉴를 균형 있게 구성하는 것을 제안합니다.

- **20평 이하의 카페보다 커피 메뉴의 구성을 높여 커피 전문점이라는 인식이 들 수 있도록 합니다. 디카페인 원두, 대체 우유(귀리 음료, 아몬드 음료)를 선택할 수 있게 하는 것도 좋은 방법입니다.**
  예 오틀리 아몬드 라테(64p), 흑임자 크림 슈페너(164p), 땅콩 크림 슈페너(168p), 아보카도 에스프레소(154p), 시나몬 링고 라테(158p)

- **지역의 특산물이나 제철 재료를 활용한 시그니처 메뉴 1~2가지를 추가하는 것이 좋습니다.**
  예 생딸기 베리 라테(72p), 제주 말차 밀크 티(138p)

- **주류 판매가 허가된 카페라면 하이볼 메뉴를 1~2가지 판매하는 것도 좋습니다.** 주류 판매를 할 수 없는 카페라도 탄산수, 럼 시럽이나 위스키 시럽을 활용한 무알코올 하이볼 메뉴를 판매하는 것이 좋습니다.

- **큰 평수의 매장에서는 단체 손님을 타깃으로 객단가를 높일 수 있도록 음료와 곁들여 먹을 수 있는 사이드 메뉴(베이커리, 디저트 등) 구성이 필수입니다.**

COFFEE

아메리카노

디카페인 아메리카노

카페 라테

딥 바닐라빈 라테

오틀리 아몬드 라테

LATTE

제주 말차 바닐라 라테

SODA

과일 소다(자두)

바닐라빈 레몬 소다

누텔라 초코 소다

TEA

자두 히비스커스 티

허니 자몽 블랙 티

SIGNATURE

리치 로얄 밀크 티

아보카도 에스프레소

흑임자 크림 슈페너

땅콩 크림 슈페너

HIGHBALL

바닐라 얼그레이 하이볼

수박 밀크 하이볼

샤인 머스캣 라임 하이볼

추출한 에스프레소를 기반으로 하는 커피류는 아메리카노, 카페 라테, 바닐라 라테, 플랫 화이트 등 다양하게 베리에이션되어 메뉴로 만들어집니다.

수많은 커피 메뉴로 선택권을 넓혀도 소비자가 선택하는 건 결국 단 한 잔입니다. 처음부터 많은 메뉴를 구성하는 것보다 기본으로 있어야 하는 커피 메뉴 4~5개, 그리고 우리 카페만의 킥 메뉴 2개 정도로 구성하여 제품의 퀄리티를 높여 효율적으로 운영하는 것을 제안합니다.

Coffee

커피

" 압력으로 추출한 에스프레소에 물을 더하여 마시는 가장 기본이 되는 커피.
우유나 시럽 등 일체의 다른 재료가 들어가지 않으므로
원두의 선택과 추출하는 방식에 따라 맛과 풍미가 달라집니다. "

AMERICANO

아메리카노

☑ 매장에서 사용할 수 있는 원두의 선택지는 어마어마하게 많습니다. 따라서 원두에 대한 기본적인 지식이 갖춰져 있고, 운영하는 사람의 주관이 또렷해야 우리 매장 혹은 운영자의 취향에 맞는 원두를 선택할 수 있습니다.

*이 책에서는 브라질 원두 70%와 에티오피아 원두 30%를 섞어 다크하게 로스팅한 원두를 사용했습니다.

☑ 원두 선택 전 꼭 샘플을 받아 산미의 정도, 아로마 등을 테스트해보세요. 로스터리 카페나 커피만 판매하는 전문점이 아니라면 적당히 다크하면서도 부드러운 원두, 산미가 있는 원두, 디카페인 원두 3가지로만 집중하는 것이 좋습니다.

☑ 디카페인 음료에 대한 수요가 많아지는 요즘, 디카페인 원두는 고객에 대한 배려이자 매장에 꼭 있어야 하는 필수 메뉴입니다.

Hot
390g (13oz)

Ingredients

Ice
420g (14oz)

○ 에스프레소 … 2shot (약 40g)
  * 원두(돌체 마켓) 약 18~20g

○ 뜨거운 물 … 260g

○ 물 … 180g

○ 얼음 … 180g

○ 에스프레소 … 2shot (약 40g)
  * 원두(돌체 마켓) 약 18~20g

Recipe 〰 **HOT**

1. 포터필터에 그라인딩(분쇄)된 원두를 담는다.

2. 레벨링 및 템핑 작업을 한다.

3. 포터필터를 장착한다.

4. 에스프레소를 추출한다.

5. 뜨거운 물을 컵에 담고 추출한 에스프레소를 넣는다.

● 이때 크레마가 살아 최대한 살아남을 수 있도록 낮은 높이에서 부어준다.

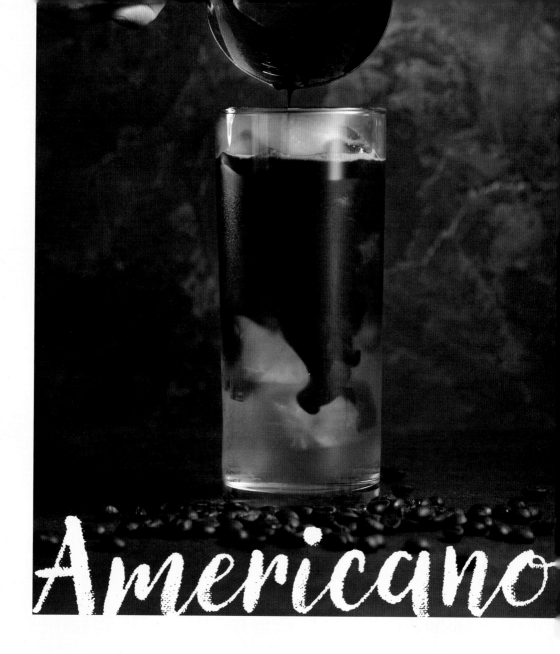

Americano

Recipe ◇◇ ICE

1. 컵에 얼음과 물을 넣는다.

2. 포터필터에 그라인딩(분쇄)된 원두를 담는다.

3. 레벨링 및 템핑 작업을 한다.

4. 포터필터를 장착한다.

5. 에스프레소를 추출한다.

6. **1**에 추출한 에스프레소를 넣는다.

● 이때 크레마가 살아 최대한 살아남을 수 있도록 낮은 높이에서 부어준다.

원두 선택하기

- -

● 꼭 브랜드 원두를 선택하는 것이 좋을까?

요즘에는 국내외에서 유통되는 다양한 원두를 선택할 기회가 많아졌습니다. 원두 선택은 개인의 취향도 중요하지만, 카페의 아이덴티티를 잘 표현할 수 있는 것이 더 중요합니다. 원두의 종류와 원산지, 로스팅의 정도 등에 따라 여러 번 테스트하여 카페의 콘셉트와 잘 맞는 원두를 선택해야 합니다.

카페에서 브랜드 원두를 사용하고 이를 적극적으로 홍보하면 카페를 빠르게 알릴 수 있어 좋은 전략이 될 수 있습니다. 하지만 브랜드 원두는 가격이 다소 높을 수 있으며, 추후 매장에서 자체 로스팅으로 원두를 변경할 경우 기존의 맛과 비교되거나 새로운 맛을 고객에게 인지시키는 데 어려움이 있을 수 있습니다. 따라서 브랜드 원두 사용은 신중한 결정이 필요합니다.

원두의 보관과 유지 관리도 매우 중요합니다. 신선한 원두를 사용하고 원두 순환이 원활하게 이루어지도록 오픈 초기에는 발주 주기가 안정될 때까지 소량씩 자주 구매하는 것을 추천합니다.

● 원두의 적정 가격대

스페셜티 커피를 선택하는 카페는 원두를 직접 로스팅하거나 원두의 품질을 높여 1kg당 부가세 포함 30,000원 이상의 가격으로 책정해 판매하는 경우가 많습니다. (예: 싱글 오리진 원두) 반대로 커피가 주력 메뉴가 아닌 매장(일반적인 베이커리 카페)이라면 1kg당 부가세 포함 19,000 ~ 25,000원 가격대의 블렌딩 원두를 사용하는 것이 적당합니다.

● 산미 원두 VS 고소한 원두

산미가 있는 원두와 고소한 원두는 각각 다른 매력을 가지고 있습니다. 묵직하고 고소한 맛, 부드러운 향을 가진 원두는 대중적으로 인기가 많습니다. 스페셜티 카페가 아니라면, 대중적인 선호도가 높은 고소하고 묵직한 맛을 지닌 블렌딩 원두를 선택하는 것이 좋습니다. 물론, 특징이 있는 싱글 오리진 원두도 좋지만 일반적으로 산미가 적고 고소한 원두를 선호하는 경향이 있습니다. 보통 8:2 비율로 산미가 있는 원두보다 고소한 원두를 찾는 손님이 많습니다.

◆ 매장용 아이스 아메리카노 ◆

얼음 180g + 물 180g + 에스프레소 샷 30~40g

매장에서 서빙하는 아이스 아메리카노는 얼음과 물이 담긴 잔에 추출한 에스프레소를 붓고 남은 공간에 얼음을 한번 더 채워 완성합니다. 이때 크레마가 사라지지 않도록 잔과 너무 떨어지지 않게 낮은 높이에서 부어주는 것이 좋습니다.

* 따뜻한 아메리카노도 동일한 방식으로 작업합니다.

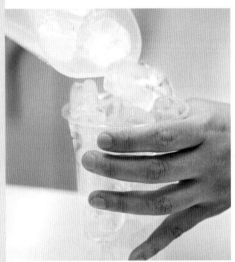

◆ 배달용 아이스 아메리카노 ◆

얼음 220g + 물 140g + 에스프레소 샷 30~40g

배달용 아이스 아메리카노는 배달하는 동안 얼음이 녹기 때문에 매장에서 서빙하는 아메리카노보다 얼음의 양을 늘리고 물의 양을 줄이는 것이 좋습니다. 주문이 들어오면 제조해 포장용 랩을 씌우고 뚜껑을 닫아 라이더가 도착할 때까지 냉동실에 넣어두는 것이 좋습니다.

배달용 얼음 양
(220g)

매장용 얼음 양
(180g)

" 추출한 에스프레소에 우유를 더하여 부드럽고 고소한 맛으로 즐기는 커피.
어떤 우유를 사용하고, 우유를 어떻게 블렌딩하는지에 따라
맛과 풍미가 달라집니다. "

CAFFE LATTE

카페 라테

☑ 타 카페와 차별화를 주기 위한 방법으로 우유와 생크림을 블렌딩해 우리만의 시그니처 라테를 만들 수 있습니다.

 * 우유와 생크림을 블렌딩해 사용할 때는 보통 우유 대비 15% 정도의 생크림을 섞어 만듭니다. 생크림이 추가된 음료는 크림의 유지방 성분으로 묵직한 느낌이 추가되어 풍부한 맛 표현이 가능해집니다.

☑ 우유와 생크림은 단맛을 가지고 있지는 않으므로, 만약 단맛을 추가하고 싶다면 우유 대비 3% 정도의 시럽(설탕과 물 1:1 배합) 또는 연유를 이용해 단맛을 더할 수 있습니다. 이 경우 주문이 들어올 때마다 만들면 번거로우니 하루 판매량을 계산해서 10잔 정도의 배합으로 만들어 놓고 사용하면 작업성을 높일 수 있습니다.

🗒 카페 라테 블렌딩 우유 10잔 분량 = 우유 1.5L + 생크림 220g + 연유 45g

Hot
390g (13oz)

Ingredients

Ice
420g (14oz)

○ 에스프레소 … 2shot (약 40g)
  * 원두 약 18~20g

○ 스팀 밀크 … 220g

○ 얼음 … 180g

○ 우유 … 160g

○ 에스프레소 … 2shot (약 40g)
  * 원두 약 18~20g

Caffe latte

Recipe 〰HOT

1. 포터필터에 분쇄한 원두를 담는다.

2. 레벨링 및 템핑 작업을 한다.

3. 포터필터를 장착한다.

4. 에스프레소를 추출한다.

5. 컵에 추출한 에스프레소를 담는다.

6. 우유를 스티밍한다.

● 스티밍의 목적은 우유를 적정한 온도로 데우고 고운 질감의 거품(폼)을 만드는 것이다.

● 스팀 밀크의 온도는 60~65℃가 이상적이며 음료가 금방 식는 겨울철에는 70℃까지 올려 완료한다. 단, 70℃를 넘어가면 단백질 변성이 일어나므로 주의한다.

7. **5**에 스팀 밀크를 넣는다.

Recipe ◇◇ ICE

1. 컵에 얼음과 우유를 넣는다.

2. 포터필터에 분쇄한 원두를 담는다.

3. 레벨링 및 템핑 작업을 한다.

4. 포터필터를 장착한다.

5. 에스프레소를 추출한다.

6. **1**에 추출한 에스프레소를 넣는다.

우유 & 대체 우유 선택하기

우유는 지방 함량에 따라 무지방, 저지방, 일반 우유로 나뉘며, 각 우유의 특성에 맞춰 메뉴를 구성하는 것이 중요합니다. 또한 사용하는 원료에 따라 우유와의 조화도 고려해야 합니다. 메뉴에서 기본적으로는 일반 우유를 세팅하고, 메뉴에 따라 저지방, 무지방, 대체 우유(귀리 음료, 아몬드 음료 등) 등으로 손님에게 선택지를 주는 것도 좋은 방법입니다.

일반 우유
지방 함량이 3% 이상인 우유로, 특유의 고소함과 풍부한 맛으로 모든 음료에 기본으로 사용할 수 있는 우유입니다.

저지방 우유
일반 우유와 비교했을 때 지방 함량이 절반 정도로 낮은 우유로 그만큼 고소한 맛은 덜합니다. 하지만 산 성분이 높은 과일청이나 시럽 등의 재료를 사용하는 음료에서 일반 우유를 사용하게 되면 몽글몽글 뭉치는 현상이 발생할 수 있으므로, 이때는 저지방 우유나 무지방 우유를 사용하는 것이 바람직합니다.

무지방 우유
지방을 제거해 칼로리까지 낮은 무지방 우유는 보통 단맛이 강하거나 일반 우유를 사용했을 때 너무 부담스럽게 느껴질 수 있는 음료(스타벅스의 돌체 라테의 경우 무지방 우유가 기본)나 위에서 언급한 것처럼 산 성분이 높은 재료가 들어가는 음료에 사용하기에 적합합니다.

귀리 음료
귀리로 만든 식물성 음료로 최근 우유 대체제로 손님들에게 가장 많은 선택을 받고 있습니다. 글루텐에 민감하거나 유당불내증이 있는 분들에게 적합합니다.

아몬드 음료
아몬드로 만든 식물성 음료로 칼로리가 낮고, 일반 우유에 비해 지방과 단백질 함량이 낮습니다. 귀리 음료와 마찬가지로 유당불내증이 있는 분들에게 적합합니다.

두유
콩으로 만든 식물성 대체 우유로 다른 대체 우유와 비교했을 때 단백질 함량이 가장 높습니다. 칼로리 조절이 필요하거나 유당불내증이 있는 분들에게 적합합니다. 제품에 따라 100% 식물성이 아닌 경우도 있으니 성분표를 확인하고 선택하는 것이 좋습니다.

" 추출된 리스트레토에 적은 양의 우유를 넣어
제공되는 메뉴로, 일반 라테보다 커피 본연의
진한 풍미를 느낄 수 있는 메뉴입니다. "

FLAT WHITE

플랫 화이트

☑ 플랫 화이트, 코르타도, 피콜로 라테 등은 모두 에스프레소 추출 양이 적고 그만큼 진하며, 우유의 양도 일반 라테에 비해 적게 들어가는 커피의 종류들입니다. 앞서 언급한 모든 메뉴를 매장에서 판매할 필요는 없습니다. 상권이나 매장 콘셉트에 따라 한 개 정도만 메뉴에 포함시켜도 충분합니다.

☑ 플랫 화이트는 우유가 들어가지만 좀 더 진한 커피의 맛을 느끼고 싶거나, 일반 라테의 양이 부담스러운 분들이 시키는 메뉴입니다. 따라서 진하면서도 부드러운 커피의 맛을 살리는 것이 이 메뉴의 포인트입니다.

☑ 따뜻한 플랫 화이트의 경우 스팀을 조절해 커피의 맛을 잘 살려주어야 합니다. 보편적으로 쓰는 스팀 피처보다 작은 사이즈의 스팀 피처를 사용해 부드럽고 곱게 스팀 작업을 하면 커피의 진한 맛을 잘 살릴 수 있습니다.

Hot 240g (8oz)	**Ingredients**	Ice 270g (9oz)

○ 에스프레소(리스트레토) … 25g
  * 원두 약 18~20g

○ 스팀 밀크 … 140g

○ 얼음 … 50g

○ 우유 … 100g

○ 에스프레소(리스트레토) … 25g
  * 원두 약 18~20g

* 리스트레토
물의 양을 적게 하고 추출 시간을 짧게 하여 에스프레소 양의
2/3 정도로 진하게 추출하는 방식.

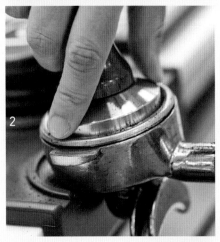

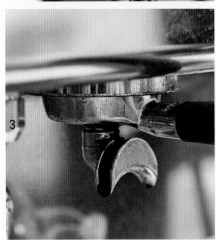

Recipe 〰️**HOT**

1. 포터필터에 분쇄한 원두를 담는다.

2. 레벨링 및 템핑 작업을 한다.

3. 포터필터를 장착한다.

4. 컵에 에스프레소를 추출한다.

5. 우유를 스티밍한다.

● 스티밍의 목적은 우유를 적정한 온도로 데우고 고운 질감의 거품(폼)을 만드는 것이다.

● 스팀 밀크의 온도는 60~65℃가 이상적이며 음료가 금방 식는 겨울철에는 70℃까지 올려 완료한다. 단, 70℃를 넘어가면 단백질 변성이 일어나므로 주의한다.

6. **4**에 스팀 밀크를 넣는다.

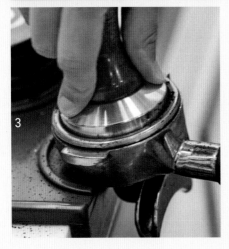

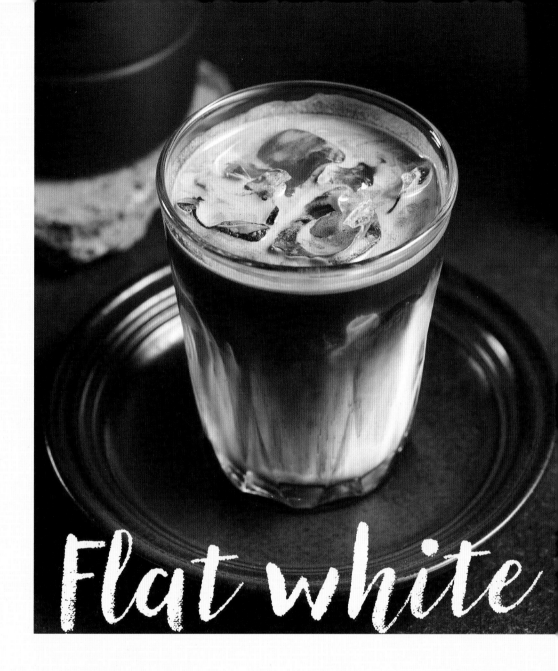

Flat white

Recipe ◇◇ ICE

1. 컵에 얼음과 우유를 넣는다.
2. 포터필터에 분쇄한 원두를 담는다.
3. 레벨링 및 템핑 작업을 한다.
4. 포터필터를 장착한다.
5. 1 위로 에스프레소를 추출한다.

" 에스프레소와 우유, 바닐라빈 시럽의 조화로 달콤하고 부드럽게 마시는 음료.
아메리카노, 카페 라테와 함께 20~40대 여성들 사이에서 인기가 높은 커피 메뉴입니다. "

DEEP VANILLA BEAN LATTE

딥 바닐라빈 라테

☑ 우리 매장만의 차별화된 바닐라 라테를 만들기 위해 우유와 생크림을 블렌딩해 좀 더 농후한 맛을 표현하거나(43p), 수제 바닐라빈 시럽을 만들어 홍보 포인트로 삼는 것도 하나의 방법일 수 있습니다.

☑ 수제 바닐라빈 시럽을 만드는 것이 현실적으로 어렵다면 잘 만들어진 시판 제품을 사용하는 것도 좋은 방법입니다. 이때 바닐라빈 함량 등 성분표를 확인하고 테스트해 단맛만 나는 제품이 아닌, 바닐라빈 특유의 맛과 향이 잘 표현되는 제품을 선택합니다.

☑ 커피 시장의 수준이 높아짐에 따라 시각적인 요소 또한 중요해진 만큼, 바닐라빈 씨가 없는 시럽보다는 있는 것을 선택해 시각적인 포인트를 주는 것이 좋습니다.

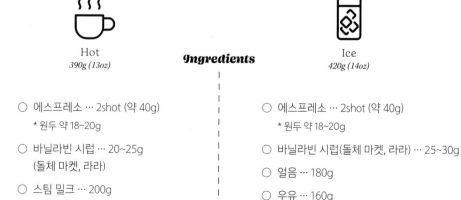

Hot 390g (13oz)	*Ingredients*	Ice 420g (14oz)

○ 에스프레소 … 2shot (약 40g)
  * 원두 약 18~20g
		○ 에스프레소 … 2shot (약 40g)
		  * 원두 약 18~20g

○ 바닐라빈 시럽 … 20~25g (돌체 마켓, 라라)		○ 바닐라빈 시럽(돌체 마켓, 라라) … 25~30g
○ 스팀 밀크 … 200g		○ 얼음 … 180g
		○ 우유 … 160g

Vanilla bean

Recipe 〰〰**HOT**

1. 포터필터에 분쇄한 원두를 담는다.

2. 레벨링 및 템핑 작업을 한다.

3. 포터필터를 장착한다.

4. 바닐라빈 시럽 위로 에스프레소를 추출한다.

5. 4를 작은 거품기를 사용해 섞어 컵에 담는다.

6. 우유를 스티밍한다.

● 스티밍의 목적은 우유를 적정한 온도로 데우고 고운 질감의 거품(폼)을 만드는 것이다.

● 스팀 밀크의 온도는 60~65℃가 이상적이며 음료가 금방 식는 겨울철에는 70℃까지 올려 완료한다.

7. 5에 스팀 밀크를 넣는다.

Recipe ◇◇ **ICE**

1. 포터필터에 분쇄한 원두를 담는다.

2. 레벨링 및 템핑 작업을 한다.

3. 포터필터를 장착한다.

4. 바닐라빈 시럽 위로 에스프레소를 추출한다.

5. **4**를 작은 거품기를 사용해 섞는다.

6. 컵에 얼음과 우유를 넣는다.

7. **6**에 **5**를 넣는다.

바닐라 시럽

바닐라빈 시럽

바닐라 시럽 VS 바닐라빈 시럽

바닐라 시럽과 바닐라빈 시럽은 모두 바닐라의 맛과 향을 내지만, 제조 방법과 풍미에 있어 큰 차이를 보입니다. 시중에는 다양한 브랜드의 시럽이 있으므로 내가 개발한 메뉴와 매칭이 잘 되는지, 우리 가게에서 사용하는 원두와 잘 어울리는지 테스트해 보는 과정이 필요합니다.

바닐라 시럽

바닐라빈 추출물과 향료를 사용해 제조한 시럽입니다. 음료에 사용했을 때 바닐라의 맛과 향을 첨가할 수 있지만, 바닐라빈이 직접적으로 들어간 시럽과 비교했을 때 바닐라빈 특유의 자연적인 향이나 무게감은 덜합니다.

바닐라빈 시럽

바닐라빈을 직접 사용해 제조한 시럽입니다. 바닐라빈을 반으로 갈라 씨를 빼낸 후 설탕과 함께 끓여서 만듭니다. 이 방법은 바닐라빈의 자연스러운 향과 풍부한 바디감을 더해줍니다. 또한 시럽 안에 바닐라빈 씨가 눈에 보이므로 음료에 사용했을 때 시각적으로도 포인트를 줄 수 있습니다.

[수제 바닐라빈 시럽 만들기]

> **재료**　　바닐라빈 4개, 뜨거운 물 1000g, 비정제 설탕 900g, 말돈 소금 0.5g
>
> ① 바닐라빈 4개를 반으로 가르고 씨를 긁어줍니다.
>
> ② 냄비에 뜨거운 물, 비정제 설탕을 넣고 중간불에서 젓지 않고 끓입니다.
> - 비정제 설탕 대신 일반 설탕을 사용해도 됩니다.
>
> ③ 끓기 시작하면 바닐라빈 껍질과 씨, 말돈 소금을 넣고 약한불로 줄여 10분 정도 끓여줍니다.
> - 끓이는 시럽의 농도를 확인하며 조절합니다. 되직한 시럽을 원할수록 오래 끓여줍니다. 말돈 소금 대신 일반 소금을 사용해도 됩니다.

※ 바닐라빈 시럽을 직접 만들어 사용해도 좋지만 1인 또는 소규모 매장에서 바닐라빈 시럽을 직접 만들어 사용하는 것보다 잘 만들어진 시판 제품을 사용하는 것이 현실적으로 더 효율적인 운영이 될 수 있습니다. 인공적인 향이 아닌 자연스러운 바닐라빈 본연의 맛과 향을 풍부하게 표현할 수 있는 제품을 선택하는 것이 좋습니다.

* 이 책에서는 저자가 자체 개발한
'라라 바닐라빈 시럽'을 사용했습니다.

" 우유 대체제로 인기가 많은 귀리 음료에 에스프레소,
아몬드 시럽을 첨가한 메뉴입니다. 귀리와 아몬드의 고소하고
달콤한 맛이 특징인 이 커피 음료는 유당불내증을 가진 손님들이
안심하고 즐길 수 있는 메뉴이기도 합니다. "

OATLY ALMOND LATTE

오틀리 아몬드 라테

☑ 시판 귀리 음료 제품을 모두 테스트한 결과 개인적으로 바디감과 향미 모두에서 오틀리 바리스타가 가장 마음에 들었습니다. 오틀리 바리스타, 오틀리, 오트 사이트 3가지 정도의 제품을 추천하며, 업장에서 판매하는 음료에 어떤 제품이 적합한지 테스트한 후 선택합니다.

☑ 귀리 음료의 인기가 높아지면서 다양한 브랜드 제품이 나오고 있지만, 여전히 식물성 음료 특유의 비릿한 맛을 싫어하는 분들도 많습니다. 여기에서 소개하는 레시피는 이런 분들을 위해 귀리 음료에 아몬드 시럽을 섞어 맛을 보완한 메뉴로, 실제 카페를 운영할 당시 많은 판매량을 기록했던 메뉴이기도 합니다.

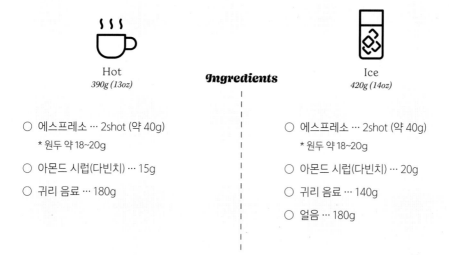

Hot
390g (13oz)

Ingredients

Ice
420g (14oz)

○ 에스프레소 ··· 2shot (약 40g)
    * 원두 약 18~20g

○ 아몬드 시럽(다빈치) ··· 15g

○ 귀리 음료 ··· 180g

○ 에스프레소 ··· 2shot (약 40g)
    * 원두 약 18~20g

○ 아몬드 시럽(다빈치) ··· 20g

○ 귀리 음료 ··· 140g

○ 얼음 ··· 180g

* 이 책에서 사용한 귀리 음료는 오틀리 바리스타 에디션이지만 오트 사이드, 어메이징 오트로 대체해도 좋습니다.

Recipe $$$ HOT

1. 포터필터에 분쇄한 원두를 담는다.

2. 레벨링 및 템핑 작업을 한다.

3. 포터필터를 장착한다.

4. 아몬드 시럽 위로 에스프레소를 추출한다.

5. **4**를 작은 거품기를 사용해 섞어 컵에 담는다.

6. 귀리 음료를 스티밍한다.

● 스티밍의 목적은 우유를 적정한 온도로 데우고 고운 질감의 거품(폼)을 만드는 것이다.

● 귀리 음료는 일반 우유에 비해 밀도가 높아 스팀 작업이 잘 되지 않고, 거품도
많아지는 특징이 있다. 일반 우유와 비슷한 느낌의 스팀 밀크를 만들고 싶다면
빠르게 공기를 주입한 후 완드를 한 방 향으로 고정시켜 스팀 작업을 한다.

● 스팀 온도는 55~58℃가 적당하다. 60℃가 넘어가면 커피와 만났을 때 분리될 수
있으니 주의한다.

7. **5**에 스팀 밀크를 넣는다.

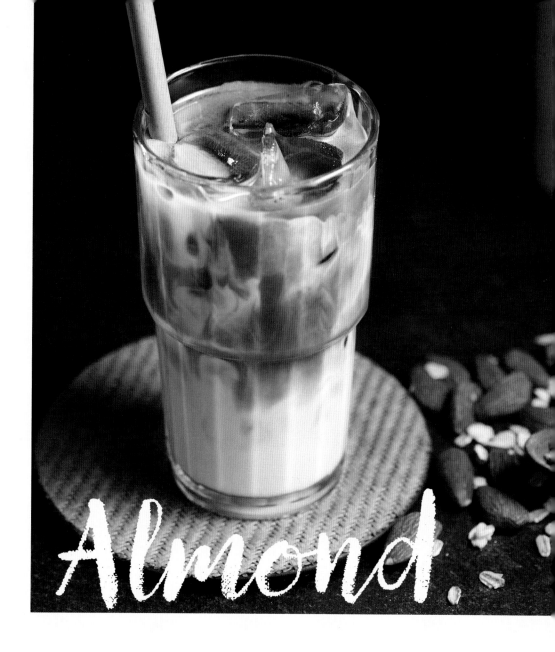

Almond.

Recipe ◇◇ **ICE**

1. 포터필터에 분쇄한 원두를 담는다.

2. 레벨링 및 템핑 작업을 한다.

3. 포터필터를 장착한다.

4. 아몬드 시럽 위로 에스프레소를 추출한다.

5. **4**를 작은 거품기를 사용해 섞는다.

6. 컵에 얼음과 귀리 음료를 넣는다.

7. **6**에 **5**를 넣는다.

라테류는 우유를 기반으로 하는 메뉴로, 커피뿐 아니라 생과일, 과일 베이스, 초콜릿, 말차 등 다양한 재료들을 활용할 수 있습니다. 대중적으로 알려진 메뉴로는 딸기 라테, 말차 라테, 초코 라테 등이 있는데 이 메뉴들은 주로 커피를 섭취하지 않는 분들이나 아이를 동반한 고객들이 선호합니다.

이 외에도 계절에 맞춰 다양한 라테류를 추가할 수 있습니다. 여름에는 자두 라테나 바나나 라 테와 같은 과일을 활용한 메뉴를, 겨울에는 피칸 라테처럼 묵직하고 따뜻한 느낌을 주는 메뉴 들로 베리에이션하기에 좋습니다.

Latte

라테

" 딸기 시즌이 되면 어느 카페에서나 볼 수 있는 겨울 대표 메뉴입니다.
여기에서는 라즈베리청을 추가해 딸기의 맛과 컬러를 한층 더 끌어올렸습니다. "

FRESH STRAWBERRY BERRY LATTE

생딸기 베리 라테

POINT

Ingredients

Ice Only
420g (14oz)

- ☑ 딸기 음료는 어느 매장에서나 딸기 시즌(11~5월) 매출의 상당 부분을 차지하는 카페 필수 메뉴입니다.

- ☑ 생딸기의 가격은 보통 12월 중순부터 내려가기 시작하므로, 12~4월 말까지 부담 없이 사용할 수 있습니다.

- ☑ 시즌 음료가 아닌 고정 메뉴로 판매할 경우, 사시사철 일정한 맛으로 간편하게 제조하고 싶은 경우라면 시판 딸기 베이스 제품을 사용하는 것도 좋은 방법입니다.

  * 딜라잇가든 프룻스타 딸기청, 마법의 딸기 딸기청 등 시판 베이스를 사용할 경우 1잔당 80~100g을 사용합니다.

- ☑ 시판 딸기 베이스 제품은 브랜드마다 당도, 물성, 색, 산미가 다르므로 우리 매장의 음료에 맞춰 테스트해 보고 선택합니다.

- ☑ 라즈베리(라즈 퐁당)와 딸기를 함께 사용하면 딸기의 풍미를 더 끌어올릴 수 있으며 색감도 더 쨍하게 완성됩니다.

수제 딸기 베이스★

- ○ 딸기 … 150g
- ○ 레몬즙 … 10g
- ○ 설탕 … 40g

생딸기 라테

- ○ 라즈 퐁당 … 20g
  (딜라잇가든, 프룻스타)
- ○ 수제 딸기 베이스★ … 100g
- ○ 얼음 … 180g
- ○ 우유 … 120g

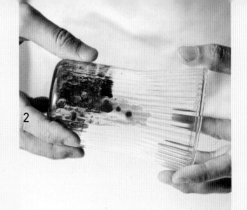

2

수제 딸기 베이스

1-1

1-2

3

4

5

Strawberry

Recipe ◇◇ **ICE**

1. 딸기, 설탕, 레몬즙을 블렌더로 갈아 딸기 베이스를 만든다.

● 생딸기를 구하기 힘든 경우 딜라잇가든 냉동 가당 딸기로 대체할 수 있다.

● 딸기 과육이 어느정도 씹히는 라테를 원한다면 입자감이 있는 상태로 마무리하고,
과육이 씹히지 않는 깔끔한 라테를 원한다면 곱게 갈아 마무리한다.

2. 라즈 퐁당을 컵에 담고 컵을 돌려가며 가장자리에 묻힌다.

● 딸기 라테에 라즈 퐁당을 첨가하면 딸기의 맛과 풍미를 끌어올리고 색도
더 쨍하게 표현할 수 있다.

3. 딸기 베이스를 넣는다.

4. 얼음을 가득 넣는다.

5. 우유를 넣는다.

● 생딸기 조각 또는 허브류 등으로 장식해 마무리한다.

◆ 음료에 사용하는 과일의 수확 시기

품목	1월	2월	3월	4월	5월	6월	7월	8월	9월	10월	11월	12월
딸기	■	■	■	■	■						■	■
수박					■	■	■	■				
메론					■	■	■	■	■			
참외				■	■	■	■					
복숭아						■	■	■				
자두					■	■	■	■				
감귤	■	■	■								■	■
단감									■	■	■	
사과									■	■	■	
배									■	■	■	■
체리					■	■						
블루베리						■	■	■				
키위								■	■	■	■	
포도							■	■	■	■		
석류										■	■	
망고	■	■	■	■	■	■	■	■	■			

◆ 과일 베이스 선택하기

과일 베이스를 만드는 기본 방법은 매우 간단합니다. 신선한 과일에 당(설탕 등), 필요한 경우 산(레몬즙 등)을 블렌딩하거나 열을 가해 과일의 맛을 농축시켜 만듭니다. 하지만 향이나 추출물 등의 첨가물을 추가하는 데 한계가 있으므로, 이러한 자가 제작 방식으로 만든 베이스를 사용했을 때 음료의 맛과 향이 약하게 표현될 수 있습니다. 또한 생과의 상태에 따라 매번 맛이 달라지므로 일관성 있는 제품을 만드는 데에도 한계가 있습니다.

따라서 과일 베이스를 직접 만드는 것보다는 잘 만들어진 시판 제품을 사용하는 것이 더 효과적일 수 있습니다. 시판 제품은 일정한 맛을 낼 수 있고 향료나 추출물의 적절한 사용으로 음료 제조 시 보다 풍부하고 확실한 맛을 표현할 수 있습니다. 따라서 음료의 품질을 높이고 일관된 맛을 유지하기 위해서는 검증된 시판 원료를 활용하는 것이 보다 효율적일 수 있습니다.

과일 베이스를 선택할 때는 색상, 향, 물성 등을 고려하여 만들고자 하는 음료와 조화를 이루는 것이 중요합니다. 과일 베이스의 색상이 진하고 맑을수록, 맛과 향이 자연스러우면서도 또렷할수록 음료의 시각적 매력과 맛의 퀄리티를 높여줍니다.

- **아이스 티나 에이드류 :** 알갱이나 과육이 포함된 과일 베이스가 좋습니다. 과일의 식감을 살릴 수 있고 시각적인 효과도 채워줍니다.

- **커피나 우유 음료류 :** 알갱이나 과육이 덜한(곱게 갈아 완성한) 과일 베이스가 적합합니다. 커피나 우유 등과 섞였을 때 깔끔하고 부드러운 질감을 주어 깔끔하게 조화됩니다.

"말차를 물에 곱게 풀고 우유와 바닐라빈 시럽을 넣어 말차 특유의 쌉싸름한 맛과
바닐라의 달콤한 맛을 느낄 수 있어 누구나 즐길 수 있는 말차 음료입니다."

JEJU MATCHA VANILLA LATTE

제주 말차 바닐라 라테

☑ 말차와 녹차는 국내는 물론 해외에서도 인기가 많은 재료입니다. 따라서 해외 관광객이 많은 상권의 카페라면 필수로 넣어야 하는 메뉴 중 하나입니다.

☑ 말차 라테 판매 시 말차와 우유만으로 만드는 일반적인 말차 라테와, 여기에서처럼 바닐라빈 시럽을 넣어 단맛을 추가한 대중적인 맛 두 가지 버전으로 판매하는 것을 추천합니다.

☑ 말차 파우더는 설탕이 함유된 것을 단독으로 사용하는 것보다 '100% 말차 파우더'로 검색했을 때 나오는 제품에 설탕이나 시럽을 섞어 만드는 것이 더 맛있습니다.

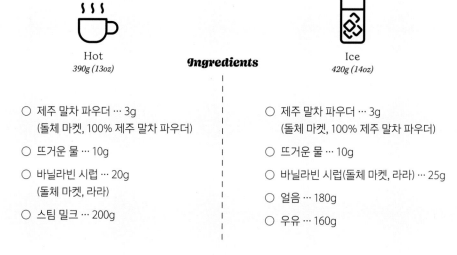

Hot
390g (13oz)

Ingredients

Ice
420g (14oz)

○ 제주 말차 파우더 … 3g
　(돌체 마켓, 100% 제주 말차 파우더)

○ 뜨거운 물 … 10g

○ 바닐라빈 시럽 … 20g
　(돌체 마켓, 라라)

○ 스팀 밀크 … 200g

○ 제주 말차 파우더 … 3g
　(돌체 마켓, 100% 제주 말차 파우더)

○ 뜨거운 물 … 10g

○ 바닐라빈 시럽(돌체 마켓, 라라) … 25g

○ 얼음 … 180g

○ 우유 … 160g

* 말차 함량이 낮은 가당 말차 파우더를 사용할 경우 20g으로 양을 늘리고, 바닐라빈 시럽을 10g으로 줄여 사용합니다.

* 말차 파우더는 오셜록 말차 파우더, 슈퍼 말차 파우더 등으로 대체해도 좋습니다.

Recipe 〉〉〉HOT

1. 컵에 말차 파우더와 뜨거운 물을 넣고
   작은 거품기 또는 차선을 사용해 섞는다.

● 말차 파우더가 덩어리지지 않도록 충분히 푼다.

● 100% 말차 파우더는 입자가 매우 고와 차선으로
   풀어주는 것이 좋다.

2. 바닐라빈 시럽을 넣는다.

3. 스팀 밀크를 넣고 고르게 섞어 마무리한다.

● 스팀 밀크의 온도는 60~65℃가 이상적이며 음료가
   금방 식는 겨울철에는 70℃까지 올려 완료한다.

Matcha

Recipe ◇◇ ICE

1. 컵에 말차 파우더와 뜨거운 물을 넣고 작은 거품기 또는 차선을
   사용해 섞는다.

● 말차 파우더가 덩어리지지 않도록 충분히 푼다.

● 100% 말차 파우더는 입자가 매우 고와 차선으로 풀어주는 것이 좋다.

2. 바닐라빈 시럽을 넣는다.

3. 얼음을 가득 넣는다.

4. 우유를 넣어 마무리한다.

" 코코아 파우더를 사용하지 않고
프랑스산 초콜릿과 생크림을 사용해 텁텁함이 느껴지지 않고,
깊고 진한 초콜릿 고유의 맛을 느낄 수 있는 음료입니다. "

VALRHONA CHOCOLATE LATTE

발로나 초콜릿 라테

☑ 코코아 파우더의 텁텁함이 느껴지지 않는 초콜릿 라테를 만들기 위해서는 초콜릿을 녹여 베이스로 만들어 사용하는 것을 추천합니다.

☑ 초콜릿 비율은 조절해 사용할 수 있습니다. 다크초콜릿의 무거운 맛이 부담스럽거나 좀 더 대중적인 초콜릿 라테로 만들고 싶다면 다크초콜릿과 밀크초콜릿을 7:3 정도의 비율로 섞어 누구나 맛있게 즐길 수 있는 초콜릿 라테로 완성할 수 있습니다.

초콜릿 베이스★

○ 생크림(서울우유) ⋯ 30g

○ 우유 ⋯ 170g

○ 설탕 ⋯ 10g

○ 소금 ⋯ 소량

○ 다크초콜릿(발로나 과나하 70%) ⋯ 30g

○ 밀크초콜릿(칼리바우트 823) ⋯ 10g

Hot
390g (13oz)

Ingredients

Ice
420g (14oz)

○ 초콜릿 베이스★ ⋯ 200g

○ 코코아 파우더 ⋯ 적당량

○ 초콜릿 베이스★ ⋯ 200g

○ 얼음 ⋯ 180g

Recipe

초콜릿 베이스

생크림, 우유, 설탕, 소금을 끓어오르기 직전까지
가열한 후, 불에서 내려 다크초콜릿과
밀크초콜릿을 넣고 녹여 초콜릿 베이스를 만든다.

● 소량의 소금(한 꼬집 정도)은 단맛을 더 풍부하게
　끌어올리고 전체적인 간을 맞추는 역할을 한다.

◇◇ ICE

얼음을 가득 담은 컵에 초콜릿 베이스를
체에 걸러 넣는다.

● 코코아 파우더를 소량 뿌려 서빙해도 좋다.

⟩⟩⟩ HOT

1. 스티밍한 따뜻한 초콜릿 베이스를 컵에 넣는다.

● 스티밍한 초콜릿 베이스의 온도는 60~65℃가 이상적이며
　음료가 금방 식는 겨울철에는 70℃까지 올려 완료한다.

2. 코코아 파우더를 뿌려 마무리한다.

Chocolate

초콜릿 블렌딩

초콜릿은 카카오와 우유 함량에 따라 크게 다크초콜릿, 밀크초콜릿, 화이트초콜릿으로 나뉩니다. 초콜릿 음료를 만들 때는 다크초콜릿과 밀크초콜릿을 블렌딩해 사용하는 것이 일반적입니다. 요즘에는 다양한 브랜드의 초콜릿부터 빈투바 초콜릿을 판매하는 곳도 늘어나면서 다크, 밀크, 화이트 라테는 물론 여러 가지 맛과 향을 블렌딩한 초콜릿 라테도 쉽게 볼 수 있습니다.

하지만 초콜릿 전문 매장이 아닌 일반 카페의 경우 여러 가지 메뉴로 판매하는 것이 현실적으로 어려울 수 있으므로 대중적인 선호도가 높은 맛으로 제공하는 것이 좋습니다.

대표 메뉴 한 가지로 제공할 경우 카카오 함량이 높은 다크초콜릿만 사용하는 것보다 밀크초콜릿과 적절한 비율로 블렌딩해 다크초콜릿이 가진 풍부한 카카오의 맛과 밀크초콜릿이 가진 부드러운 단맛이 조화되도록 하는 것이 좋습니다.

추천 비율은 다크초콜릿 7 : 밀크초콜릿 3 비율입니다. 품질이 우수하고 안정적으로 유통되는 발로나, 칼리바우트 브랜드 제품을 추천하며 초콜릿 라테뿐만 아니라 다양한 음료와 디저트에도 두루두루 사용하기에 좋습니다.

탄산수나 사이다 등 탄산음료를 기반으로 하는 음료로 에이드, 소다, 스파클링 등의 이름으로 불리는 메뉴입니다.

이러한 청량감이 뛰어난 음료는 특히 여름철에 과일 에이드로 만들어 판매하면 인기가 많으므로 반드시 메뉴에 포함하는 것을 권장합니다. 기본적인 메뉴 2~3가지를 선택해 메뉴에 넣고, 스페셜한 메뉴 한 가지를 추가하여 카페의 퀄리티를 높이는 것을 추천합니다.

Soda

소다

" 시판 과일 베이스에 약간의 꿀과 탄산수를 넣어 만든 메뉴입니다.
청량감이 좋아 여름철에 판매하기 좋으며, 빨리 제조할 수 있는 것도 장점입니다. "

FRUIT SODA

과일 소다

POINT

☑ 과일 베이스를 단독으로 사용할 경우 각 브랜드마다 당도와 산도가 다르기 때문에 레시피에 표기된 정량대로 사용해도 음료의 맛이 달라질 수 있습니다. 이 경우 과일 베이스에 꿀을 섞어 지나친 산미나 싱거운 맛을 보완할 수 있습니다.

> **예** 과일 베이스 35g 기준 잡화꿀 또는 시럽을 10~15g 정도를 추가하는 것이 좋습니다. 과일 베이스를 선택할 때는 과일 함량 등의 표기 사항을 확인합니다.

☑ 최상의 맛을 표현하기 위해 사용하는 베이스마다 레시피를 다르게 하는 것도 좋지만, 카페 운영(직원 교육 등)에서 비효율적일 수 있으므로 한 가지 레시피로 통일하는 것을 추천합니다.

> * 여기에서 소개하는 4가지 과일 소다는 메인 맛이 되는 베이스만 달라질 뿐 배합은 같습니다. 배합이 같아도 누구나 맛있다고 느낄 수 있는 과일 베이스들로 테스트해 완성한 메뉴입니다.

자몽 소다

1

3-1

2

3-2

Ice Only
420g (14oz)

Ingredients

○ 레드자몽 베이스(딜라잇가든, 프룻스타) ⋯ 35g

○ 잡화꿀 ⋯ 15g

○ 탄산수(일화 초정) ⋯ 190g

○ 얼음 ⋯ 180g

Fruit

Recipe ◇◇ **ICE**

1. 컵에 레드자몽 베이스, 잡화꿀, 탄산수 절반을 넣고 섞는다.

● 잡화꿀의 점성으로 음료가 잘 섞이지 않으니 얼음을 넣기 전 충분히 섞는다.

2. 얼음을 넣고 남은 탄산수를 넣는다.

● 탄산수를 나눠 넣으면 아래층은 과일의 색으로, 위층은 탄산수의 색으로 층을
나눌 수 있어 더 예쁘게 서빙할 수 있다. (이 경우 남은 탄산수를 부을 때 섞지
않아야 한다.)

3. 건조 자몽, 건조 청귤, 타임 줄기 등으로 마무리한다.

● 타임 줄기처럼 긴 허브류를 사용할 때는 바스푼을 사용해 컵 가장자리에
위치시킨다.

자두 소다

Ice Only
420g (14oz)

Ingredients

○ 자두 베이스 … 35g
　(스위트페이지, 자두익스 베이스)

○ 잡화꿀 … 15g

○ 탄산수(일화 초정) … 190g

○ 얼음 … 180g

Recipe ◇◇ICE

1. 컵에 자두 베이스, 잡화꿀, 탄산수 절반을 넣고 섞는다.

● 잡화꿀의 점성으로 음료가 잘 섞이지 않으니 얼음을 넣기 전 충분히 섞는다.

2. 얼음을 넣고 남은 탄산수를 넣는다.

● 탄산수를 나눠 넣으면 아래층은 과일의 색으로, 위층은 탄산수의 색으로 층을 나눌 수 있어 더 예쁘게 서빙할 수 있다.
(이 경우 남은 탄산수를 부을 때 섞지 않아야 한다.)

3. 슬라이스한 레몬과 자두, 허브류 등으로 마무리한다.

샤인 머스캣 소다

Ice Only
420g (14oz)

Ingredients

○ 샤인 머스캣 베이스 ··· 35g
  (딜라잇가든, 프룻스타)

○ 잡화꿀 ··· 15g

○ 탄산수(일화 초정) ··· 190g

○ 얼음 ··· 180g

Recipe ◇◇ICE

1. 컵에 샤인 머스캣 베이스, 잡화꿀, 탄산수 절반을
   넣고 섞는다.

● 잡화꿀의 점성으로 음료가 잘 섞이지 않으니 얼음을
  넣기 전 충분히 섞는다.

2. 얼음을 넣고 남은 탄산수를 넣는다.

● 탄산수를 나눠 넣으면 아래층은 과일의 색으로, 위층은
  탄산수의 색으로 층을 나눌 수 있어 더 예쁘게 서빙할 수 있다.
  (이 경우 남은 탄산수를 부을 때 섞지 않아야 한다.)

3. 애플민트 등의 허브류로 마무리한다.

한라봉 소다

Ice Only
420g (14oz)

Ingredients

○ 한라봉 베이스 ⋯ 35g
  (딜라잇가든, 프룻스타)

○ 잡화꿀 ⋯ 15g

○ 탄산수(일화 초정) ⋯ 190g

○ 얼음 ⋯ 180g

Recipe ◇◇ICE

1. 컵에 한라봉 베이스, 잡화꿀, 탄산수 절반을 넣고 섞는다.

● 잡화꿀의 점성으로 음료가 잘 섞이지 않으니 얼음을 넣기 전
  충분히 섞는다.

2. 얼음을 넣고 남은 탄산수를 넣는다.

● 탄산수를 나눠 넣으면 아래층은 과일의 색으로, 위층은 탄산수의
  색으로 층을 나눌 수 있어 더 예쁘게 서빙할 수 있다.
  (이 경우 남은 탄산수를 부을 때 섞지 않아야 한다.)

3. 라임 슬라이스, 로즈마리 등으로 마무리한다.

시중에는 수십 가지 다양한 맛의 시판 과일 베이스가 판매되고 있습니다.
원하는 맛을 테스트해 보고 당도와 산도를 맞춰 시즌 음료로 개발하기 좋은 제품입니다.
간단한 에이드류부터 티 베리에이션 음료까지 다양하게 활용할 수 있습니다.

꿀

시럽

시럽과 꿀의 차이

시럽과 꿀은 모두 단맛을 내는 재료지만, 그 특성과 사용 용도에는 차이가 있습니다.

- 물과 설탕을 1:1 비율로 끓여 만드는 시럽 또는 시판 카페 시럽의 경우 일반적으로 점도가 낮고, 음료에 가벼운 단맛을 더해줍니다. 이로 인해 음료가 깔끔하고 섬세한 맛을 유지할 수 있습니다. 따라서 가벼운 음료나 프레시한 느낌을 원하는 경우 시럽을 사용하는 것이 좋습니다.

- 꿀은 점도가 높아 음료에 더 깊은 바디감과 풍미를 제공합니다. 꿀을 사용할 경우, 음료에 풍부하고 묵직한 느낌을 추가할 수 있습니다. 따라서 보다 풍성한 맛을 원하는 경우 시럽 보다 꿀이 더 잘 어울립니다.

  꿀을 선택할 때는 밤꿀이나 라벤더꿀처럼 특정 향이 강하지 않은 잡화꿀을 추천합니다. 잡화꿀은 상대적으로 중립적인 맛을 가지고 있어, 음료의 원래 맛을 해치지 않으면서도 풍미를 추가할 수 있습니다.

" 레몬 소다에 바닐라빈 시럽을 넣어
  상큼하면서도 은은하고 깊은 달콤함을
  더한 메뉴입니다. "

VANILLA BEAN LEMON SODA

바닐라빈 레몬 소다

POINT

Ingredients

Ice Only
420g (14oz)

- ☑ 일반적인 레몬에이드에 바닐라빈 시럽을 첨가하는 것만으로도 완전히 다른 느낌의 음료가 됩니다. 이 음료는 레몬의 상큼함이 강하게 느껴져 부담스러우셨던 분들에게 추천하기 좋은 메뉴입니다.

- ☑ 레몬에이드를 기본으로 메뉴에 넣고, 바닐라빈 시럽을 옵션으로 추가할 수 있게 하는 것도 좋은 방법입니다.

  - 🔴 레몬에이드 ---------- 5,000원
    + 바닐라빈 시럽 ---------- 500원

- ○ 바닐라빈 시럽(돌체 마켓, 라라) … 40g
- ○ 레몬즙(솔리몬) … 10g
- ○ 탄산수 … 190g
- ○ 얼음 … 180g
- ○ 레몬 1/8 … 2개

103

1

2

3

4

5

Lemon

Recipe

1. 컵에 바닐라빈 시럽, 레몬즙, 탄산수 절반을 넣고 섞는다.

2. 얼음을 넣고 남은 탄산수를 넣는다.

● 탄산수를 나눠 넣으면 아래층은 과일의 색으로, 위층은 탄산수의 색으로 층을 나눌 수 있어 더 예쁘게 서빙할 수 있다. (이 경우 남은 탄산수를 부울 때 섞지 않아야 한다.)

3. 레몬을 집게로 눌러 즙을 짜 넣는다.

4. 바스푼을 사용해 섞는다.

5. 레몬 슬라이스. 허브류 등으로 마무리한다.

" 누텔라에 생크림을 넣고 끓여 만든 베이스에
탄산수를 더한 달콤한 초콜릿 음료이지만
동시에 청량감도 느낄 수 있는 재미있는 메뉴입니다."

NUTELLA CHOCOLATE SODA

누텔라 초콜릿 소다

☑ 일반적인 초콜릿 라테류와 달리 탄산수를 사용해 초콜릿의 달콤함과 탄산수의 청량함을 더한 여름용
초콜릿 음료입니다.

☑ 누텔라 구매 시 대용량을 구매하고 누텔라를 사용한 사이드 메뉴를 추가하여 판매하면 원료 순환율
이 높아집니다.

예 누텔라 초콜릿 쿠키, 누텔라 팬케이크, 누텔라 토스트 등

Ice Only
420g (14oz)

Ingredients

누텔라 베이스★

○ 누텔라 … 60g

○ 생크림(서울우유) … 50g

○ 우유 … 70g

○ 설탕 … 10g

누텔라 초콜릿 소다

○ 누텔라(컵에 바르는 용도) … 약 5g

○ 얼음 … 180g

○ 누텔라 베이스★ … 100g

○ 탄산수 … 120g

Nutella

Recipe ◇◇ **ICE**

1. 냄비에 모든 재료를 넣고 가열하며 누텔라가 녹고 모든 재료가
   고르게 섞이도록 누텔라 베이스를 만든다.

● 완성된 베이스는 충분히 식힌 후 냉장 보관한다.

2. 스패출러를 이용해 컵 안쪽에 누텔라를 바른다.

3. 얼음을 가득 넣는다.

4. 누텔라 베이스를 넣는다.

5. 탄산수를 넣고 바스푼을 사용해 섞는다.

스타벅스의 티바나(TEAVANA)를 시작으로 음료 시장에서 티 음료의 다양화가 시작되었습니다. 기존에는 홍차, 녹차, 루이보스와 같은 차를 스트레이트(단독으로)로 즐겼지만, 이제는 티에 과일 베이스 등 다양한 재료를 조합하여 더욱 풍부하고 맛있는 경험을 할 수 있습니다.

티 음료는 일반적으로 커피를 선호하지 않거나 카페인에 민감한 고객들이 자주 찾는 메뉴로, 카페를 운영한다면 반드시 티 베리에이션 메뉴를 포함하는 것이 좋습니다.

* 차(茶, tea)는 본래 차나무Camellia sinensis의 잎으로 만든 음료(백차, 녹차, 홍차 등)를 의미합니다. 그 외에 우리가 접하는 허브류나 향신료 등으로 만든 음료(캐모마일, 히비스커스, 루이보스, 계피 등)는 엄밀히 따지면 '차(tea)'가 아닌 '대용차'로 분류하는 것이 옳지만, 이 책에서는 편의상 차 음료와 대용차 음료 모두 tea로 표기했습니다.

Tea &
Variation

티 & 베리에이션

" 히비스커스를 우린 물에 자두 베이스를 첨가해
더 달콤하고 상큼하게 마실 수 있는 음료입니다.
히비스커스 특유의 붉은빛이 시각적으로도 강렬한 효과를 줍니다. "

PLUM HIBISCUS TEA

자두 히비스커스 티

☑ 히비스커스는 물에 우러나면서 강렬한 붉은빛을 내기 때문에 아이스 티나 에이드, 뱅쇼 등의 음료에 사용하기 좋은 재료입니다.

☑ 히비스커스는 산미가 있는 재료이므로 스트레이트 음료(단독으로 우려 제공하는 음료)보다는 단맛을 내는 재료나 탄산수 등을 적절하게 블렌딩해 누구나 호불호 없이 즐길 수 있는 음료로 제공하는 것이 좋습니다.

☑ 히비스커스와 자두는 페어링하기 좋은 재료의 조합 중 하나입니다. 자두가 수확되는 시기에 자두 과육을 잘라 넣어 시즌 메뉴로 판매해도 좋습니다.

Hot
390g (13oz)

Ingredients

Ice
420g (14oz)

○ 하와이안 히비스커스 티백 ··· 1개
(티 브리즈)

○ 뜨거운 물 ··· 260g

○ 자두 베이스 ··· 35g
(딜라잇가든, 프룻스타)

○ 잡화꿀 ··· 15g

칠링
○ 하와이안 히비스커스 티백(티 브리즈) ··· 1개

○ 뜨거운 물 ··· 100g

○ 얼음A ··· 100g

제조
○ 자두 베이스(딜라잇가든, 프룻스타) ··· 35g

○ 잡화꿀 ··· 15g

○ 얼음B ··· 180g

1
3
2
4

Recipe $\text{\small 555}$ **HOT**

1. 컵에 하와이안 히비스커스 티백과 뜨거운 물을 넣고 2~3분간 우린다.

2. 자두 베이스, 잡화꿀을 넣는다.

3. 바스푼을 사용해 섞는다.

4. 건조 레몬 또는 히비스커스 등으로 마무리한다.

Plum

Recipe ◇◇ ICE

1. 하와이안 히비스커스 티백에 뜨거운 물을 넣고 2~3분간 우린 후, 얼음A를 넣고 바스푼으로 빠르게 저어 칠링한다.

2. 컵에 자두 베이스, 잡화꿀을 넣는다.

3. 얼음B를 가득 넣는다.

4. 칠링한 **1**을 넣는다.

5. 건조 레몬이나 타임 줄기 등의 허브류 또는 히비스커스 등으로 마무리한다.

● 타임 줄기처럼 긴 허브류를 사용할 때는 바스푼을 사용해 컵 가장자리에 위치시킨다.

● 자두 시즌에는 자두를 슬라이스하거나 조각내 장식해도 좋다.

스트레이트로 마시는 티
VS 베리에이션 음료로 사용하는 티

음료에 베리에이션으로 사용하는 티와 스트레이트로 마시는 티는 각각의 용도에 맞춰 선택하는 것이 중요합니다.

스트레이트로 마시는 티

스트레이트 티(단독으로 우려 마시는 티)는 차 본연의 맛과 향을 그대로 즐기는 것이 목적이므로 고급 티를 사용합니다. 다양한 원산지의 좋은 티를 사용하여 그 맛을 즐길 수 있게 하는 것이 중요합니다.

이러한 티는 음료로 혼합하기보다는 순수하게 즐기는 것이 더 적합합니다. 너무 좋은 티는 음료로 사용하면 원래의 섬세한 맛과 향이 손상될 수 있기 때문입니다.

* 추천 브랜드 : 티더블유지(TWG), 팔레 데 떼(PALAIS DES THES),
              포트넘 앤 메이슨(FORTNUM & MASON), 하니 앤 손스(HARNEY & SONS),
              스티븐 스미스 티메이커(STEVEN SMITH TEAMAKER)

음료에 베리에이션하는 티

향이 강하고 수색이 뚜렷한 티가 적합합니다. 이러한 티는 음료로 제조했을 때 그 맛과 향이 또렷하게 전달되어 음료의 맛을 더욱 풍부하게 만들어 줍니다.

앞서 설명한 스트레이트로 마시기에 적합한 고급 티는 추출 시간도 길고 맛과 향이 충분하게 표현되지 못하기 때문에 베리에이션 음료용으로 적합하지 않습니다. 이 경우 맛과 향이 상대적으로 강하고 뚜렷한 수색까지 낼 수 있는 것이 좋습니다. 이는 음료에 풍미를 더하고 균형 잡힌 맛을 유지하는 데 도움이 됩니다.

다양한 재료와 함께 완성하는 베리에이션 티의 특성상 티백에 들어 있는 내용물의 양이 최소 2~3g 이상인 제품을 사용하는 것이 좋습니다.

* 추천 브랜드 : 티 브리즈(T BRISE), 트와이닝(TWININGS)

“ 블랙 티에 자몽 베이스와 꿀을 넣어 달콤하게 마시는 과일 티 음료입니다. ”

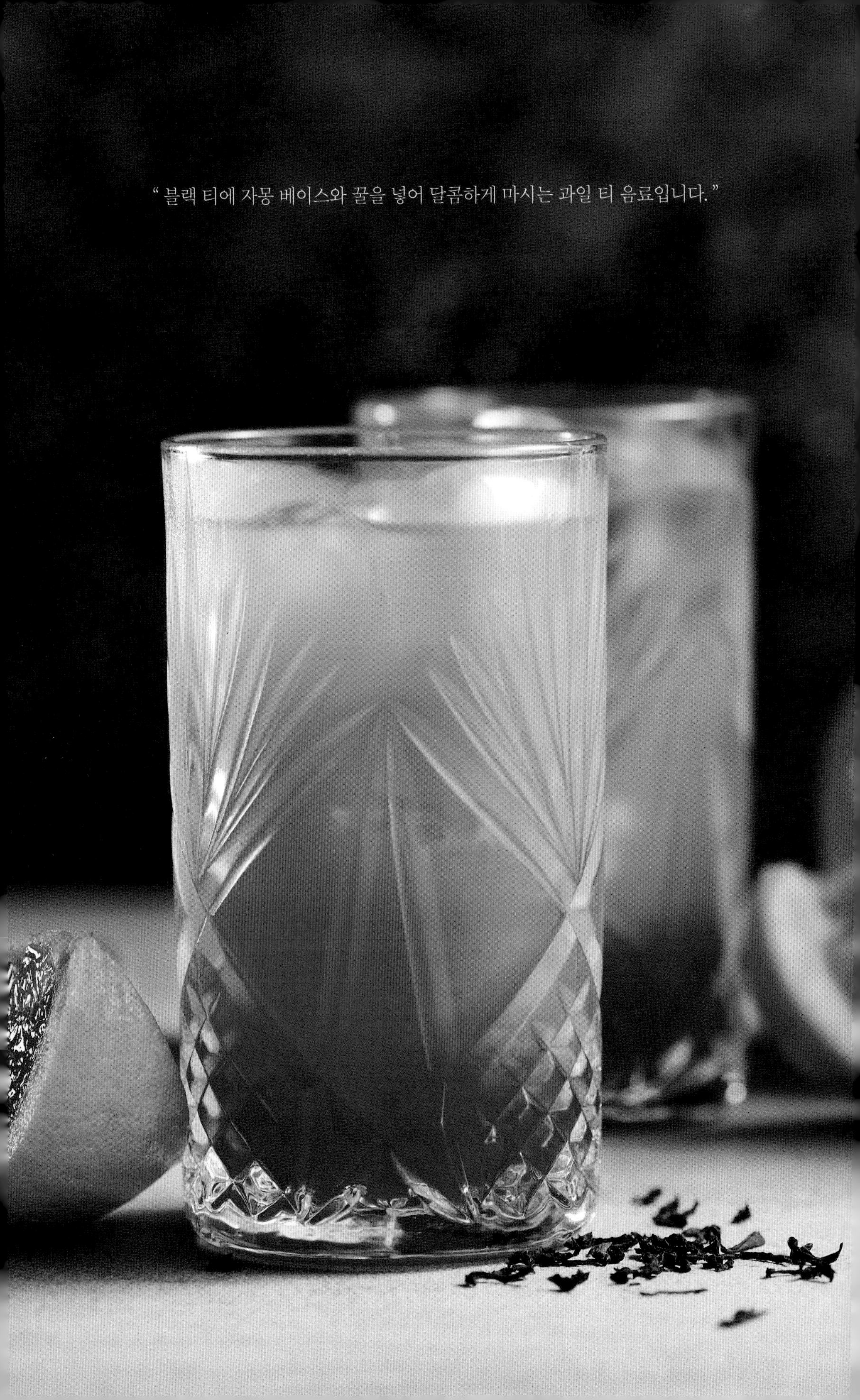

HONEY GRAPEFRUIT BLACK TEA

허니 자몽 블랙 티

☑ 홍차와 자몽을 페어링한 음료는 스타벅스에서 자몽 허니 블랙 티가 유명해지면서 대중에게 익숙하고 친근한 메뉴가 되었습니다. '대기업 카페에서 하는 흔한 메뉴이니 우리 가게에서는 하지 말아야지'라고 생각하기보다는 메뉴에 추가하는 것이 좋습니다. (이름만 들어도 누구나 맛을 상상할 수 있는 익숙한 메뉴는 손님에게 고민하지 않아도 되는 쉬운 선택지가 될 수 있습니다.)

☑ 메뉴명 그대로 꿀, 홍차, 자몽 베이스를 주재료로 구성한 음료이므로 티백을 선택할 때는 실론 블랙퍼스트, 잉글리시 블랙퍼스트 등 가향되지 않은 차를 사용하는 것이 좋습니다.

☑ 이렇게 당이 첨가되는 티 음료는 약간의 차이로도 음료의 맛이 밋밋하게 느껴지거나 너무 달게 느껴질 수 있으므로, 꿀이나 베이스 등 단맛을 내는 재료를 정확하게 계량하는 것이 중요합니다.

Hot
390g (13oz)

Ingredients

Ice
420g (14oz)

○ 홍차 티백 ··· 1개
   (티 브리즈, 실론 블랙퍼스트)

○ 뜨거운 물 ··· 260g

○ 레드 자몽 베이스 ··· 35g
   (딜라잇가든, 프룻스타)

○ 잡화꿀 ··· 15g

칠링

○ 홍차 티백(티 브리즈, 실론 블랙퍼스트) ··· 1개

○ 뜨거운 물 ··· 100g

○ 얼음A ··· 100g

제조

○ 레드 자몽 베이스(딜라잇가든, 프룻스타) ··· 35g

○ 잡화꿀 ··· 15g

○ 얼음B ··· 180g

1

2

3

4

Recipe 〽️**HOT**

1. 컵에 홍차 티백과 뜨거운 물을 넣고 2~3분간 우린다.

- 잉글리시 블랙퍼스트, 실론 블랙퍼스트 등 가향되지 않는 홍차를 사용한다.

- 사용하는 티백이나 음료의 종류에 따라 우리는 시간은 가감할 수 있다.

2. 레드 자몽 베이스, 잡화꿀을 넣는다.

3. 바스푼을 사용해 섞는다.

4. 건조 자몽 또는 슬라이스 자몽을 올려 마무리한다.

Grapefruit

Recipe ◇◇ ICE

1. 홍차 티백에 뜨거운 물을 넣고 2~3분간 우린 후, 얼음A를 넣고 바스푼으로 빠르게 저어 칠링한다.

● 잉글리시 블랙퍼스트, 실론 블랙퍼스트 등 가향되지 않는 홍차를 사용한다.

● 사용하는 티백이나 음료의 종류에 따라 우리는 시간은 가감할 수 있다.

2. 컵에 레드 자몽 베이스, 잡화꿀을 넣는다.

3. 얼음B를 가득 넣는다.

4. 칠링한 **1**을 넣는다.

5. 건조 자몽이나 슬라이스 자몽, 허브류를 올려 마무리한다.

" 캐모마일을 우린 물에 달콤한 사과청을 더한 음료.
함께 서빙되는 시나몬 스틱에서 우러나는 은은한 향이 포인트입니다. "

APPLE CHAMOMILE CINNAMON TEA

애플 캐모마일 시나몬 티

☑ 캐모마일은 여성 고객이 선호하는 허브 중 하나입니다. 또한 카페인이 없어 디카페인 음료를 원하는 고객에게 추천하기에도 좋은 메뉴입니다.

☑ 이 레시피에서 패션푸르트 과육을 10g 정도 추가하면 또 다른 맛으로 완성할 수 있습니다.

☑ 이 음료에 사용되는 재료는 계절에 영향을 받지는 않지만, 가을을 떠올리게 하는 사과가 들어가므로 가을 시즌 메뉴로 판매해도 좋습니다.

Hot
390g (13oz)

Ingredients

Ice
420g (14oz)

○ 캐모마일 티백 … 1개
○ 뜨거운 물 … 260g
○ 애플시나몬청 … 35g
  (딜라잇가든)
○ 잡화꿀 … 15g
○ 시나몬 스틱 … 1개

칠링
○ 캐모마일 티백 … 1개
○ 뜨거운 물 … 100g
○ 얼음A … 100g

제조
○ 애플시나몬청(딜라잇가든) … 35g
○ 잡화꿀 … 15g
○ 얼음B … 180g
○ 시나몬 스틱 … 1개

1

2

3

Recipe 〰〰HOT

1. 컵에 캐모마일 티백과 뜨거운 물을 넣고 우린다.

2. 애플시나몬청(시럽만 사용), 잡화꿀을 넣고
   바스푼을 사용해 섞는다.

3. 시나몬 스틱, 애플시나몬청(과육 1조각) 등으로
   마무리한다.

● 시나몬의 은은한 향이 사과와 잘 어울리므로 시나몬
   스틱은 필수로 넣어주는 것이 좋습니다.

Chamomile

1

2

3

4

5

Recipe ◇◇ **ICE**

1. 캐모마일 티백에 뜨거운 물을 넣고 우린 후, 얼음A를 넣고 바스푼으로 빠르게 저어 칠링한다.

2. 컵에 애플시나몬청(시럽만 사용), 잡화꿀을 넣는다.

3. 얼음B를 가득 넣는다.

4. 칠링한 **1**을 넣는다.

5. 시나몬 스틱, 애플시나몬청(과육 1조각), 타임 줄기 등으로 마무리한다.

● 시나몬의 은은한 향이 사과와 잘 어울리므로 시나몬 스틱은 필수로 넣어주는 것이 좋습니다.

" 우려낸 얼그레이 티에 바닐라빈 시럽을 넣고 스팀 밀크를 더한 메뉴.
끓여서 만드는 진한 밀크티와 달리
은은하고 가볍게 즐길 수 있는 밀크 티 메뉴입니다. "

EARL GREY VANILLA MILK TEA

얼그레이 바닐라 밀크 티

☑ 끓여 만드는 진한 밀크 티가 부담스러운 분들을 위한 메뉴로, 커피를 선호하지 않는 분들에게도 추천하기 좋은 메뉴입니다.

☑ 서빙 시 마시는 내내 얼그레이가 우러날 수 있도록 티백을 넣은 상태로 제공하는 것이 좋습니다.

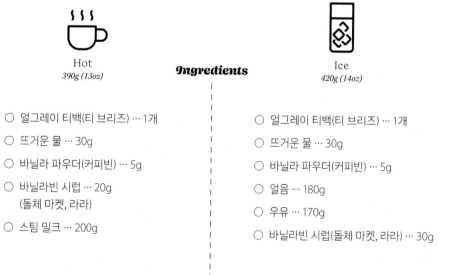

Hot
390g (13oz)

Ingredients

Ice
420g (14oz)

○ 얼그레이 티백(티 브리즈) … 1개

○ 뜨거운 물 … 30g

○ 바닐라 파우더(커피빈) … 5g

○ 바닐라빈 시럽 … 20g
  (돌체 마켓, 라라)

○ 스팀 밀크 … 200g

○ 얼그레이 티백(티 브리즈) … 1개

○ 뜨거운 물 … 30g

○ 바닐라 파우더(커피빈) … 5g

○ 얼음 … 180g

○ 우유 … 170g

○ 바닐라빈 시럽(돌체 마켓, 라라) … 30g

Earl grey

Recipe $$$HOT

1. 컵에 얼그레이 티백과 뜨거운 물을 넣고 우린다.

2. 바닐라 파우더를 넣고 작은 거품기를 사용해 섞는다.

● 바닐라빈 시럽만 사용해도 되지만, 좀 더 깊고 진한 바닐라 맛을 표현하기 위해 바닐라 파우더를 추가했다. 취향에 따라 생략하거나 가감해도 좋으며, 생략하는 경우 바닐라빈 시럽을 5g 추가한다.

3. 바닐라빈 시럽을 넣는다.

4. 스팀 밀크를 넣는다.

● 스팀 밀크의 온도는 60~65℃가 이상적이며 음료가 금방 식는 겨울철에는 70℃까지 올려 완료한다.

Recipe ◇◇ ICE

1. 컵에 얼그레이 티백과 뜨거운 물을 넣고 우린다.

2. 바닐라 파우더를 넣고 작은 거품기를 사용해 섞는다.

● 바닐라빈 시럽만 사용해도 되지만, 좀 더 깊고 진한 바닐라 맛을 표현하기
  위해 바닐라 파우더를 추가했다. 취향에 따라 생략하거나 가감해도 좋으며,
  생략하는 경우 바닐라빈 시럽을 5g 추가한다.

3. 얼음을 가득 넣는다.

4. 우유를 넣는다.

5. 바닐라빈 시럽을 넣는다.

" 제주 말차 특유의 쌉싸래한 맛과 연유의 달콤함이
잘 어우러져 누구나 호불호 없이
맛있게 즐길 수 있는 메뉴입니다. "

JEJU MATCHA MILK TEA

제주 말차 밀크 티

☑ 우유와 연유 등의 재료를 안정적으로 혼합한 제품인 '만능밀크장'은 음료에서의 용해성이 좋고 보관 기간도 길며 음료는 물론 빙수, 디저트에서도 다양하게 사용할 수 있어 추천하는 제품입니다. (우유와 연유를 섞어 직접 만들 수도 있지만 우유의 유통기한만큼만 사용할 수 있으므로 카페에서는 효율성 이 떨어집니다.)

☑ 만능밀크장을 연유로 대체할 경우 1/2로 줄여 사용합니다.

☑ 만능밀크장을 우유+연유(1:1 동량으로 섞어 만든 것)로 대체할 경우 동량으로 사용합니다.

Hot	*Ingredients*	Ice
390g (13oz)		*420g (14oz)*

Hot	Ice
○ 제주 말차 파우더 ··· 3g	○ 제주 말차 파우더 ··· 3g
(돌체 마켓, 100% 제주 말차 파우더)	(돌체 마켓, 100% 제주 말차 파우더)
○ 뜨거운 물 ··· 30g	○ 뜨거운 물 ··· 30g
○ 만능밀크장(딜라잇가든) ··· 60g	○ 만능밀크장(딜라잇가든) ··· 60g
○ 스팀 밀크 ··· 200g	○ 얼음 ··· 180g
	○ 우유 ··· 160g

* 말차 함량이 낮은 가당 말차 파우더를 사용할 경우 20g으로 양을 늘리고, 만능밀크장은 줄여 사용합니다.

* 만능밀크장 60g은 연유 30g 또는 연유(30g)+우유(30g)로 대체 가능합니다.

Recipe))) HOT

1. 컵에 말차 파우더와 뜨거운 물을 넣고
   작은 거품기 또는 차선을 사용해 섞는다.

● 말차 파우더가 덩어리지지 않도록 충분히 푼다.

● 100% 말차 파우더는 입자가 매우 고와 차선으로 풀어
   주는 것이 좋다.

2. 연유를 넣는다.

3. 스팀 밀크를 넣고 고르게 섞어 마무리한다.

● 스팀 밀크의 온도는 60~65℃가 이상적이며 음료가
   금방 식는 겨울철에는 70℃까지 올려 완료한다.

Matcha

Recipe ◇◇ ICE

1. 컵에 말차 파우더와 뜨거운 물을 넣고 작은 거품기 또는 차선을
   사용해 섞는다.

● 말차 파우더가 덩어리지지 않도록 충분히 푼다.

● 100% 말차 파우더는 입자가 매우 고와 차선으로 풀어주는 것이 좋다.

2. 연유를 넣는다.

3. 얼음을 가득 넣는다.

4. 우유를 넣어 마무리한다.

"달콤한 연유를 섞은 우유에 우려낸 히비스커스 티를
부어 완성하는 핑크빛 밀크 티. 맛은 물론 시각적으로도
인기를 끌기 좋은 메뉴입니다."

HIBISCUS PINK MILK TEA

히비스커스 핑크 밀크 티

POINT

Ingredients

Ice Only
420g (14oz)

☑ 일반 밀크 티와는 또 다른 매력을 가진 핑크빛 밀크 티로 특유의 진홍빛으로 사진에서도 예 쁘게 찍혀 시그니처 메뉴로 판매해도 좋은 메 뉴입니다.

☑ 히비스커스의 산 성분과 우유의 지방 성분이 만나 몽글몽글한 질감이 될 수 있으므로 저지 방 또는 무지방 우유를 사용하는 것을 추천합 니다. (여기에 연유를 섞어주면 두 재료가 분 리되는 것을 막을 수 있습니다.)

☑ 시각적으로 임팩트 있는 메뉴이므로, 식용꽃 이나 허브류, 건조 과일 등으로 화려하게 장식 해 판매하는 것도 좋습니다.

칠링

○ 하와이안 히비스커스 티백 ⋯ 1개 (티 브리즈)

○ 뜨거운 물 ⋯ 50g

○ 얼음A ⋯ 50g

제조

○ 얼음B ⋯ 100g

○ 연유 ⋯ 40g

○ 저지방 우유 ⋯ 150g

Recipe

◇◇ ICE

1. 하와이안 히비스커스 티백과 뜨거운 물을 넣고 2~3분간 우린 후, 얼음A를 넣고 바스푼으로 빠르게 저어 칠링한다.

2. 컵에 연유와 저지방 우유를 넣고 바스푼을 사용해 섞는다.

● 일반 우유의 지방 성분과 히비스커스의 산 성분이 만나 몽글몽글한 질감을 만들 수 있으므로 지방 함량이 낮은 저지방 우유 또는 무지방 우유를 사용한다.

3. 얼음B와 티백을 제외한 **1**을 넣는다.

● 티백이 담긴 상태로 음료를 서빙하면 히비스커스의 산 성분이 계속 우러나 우유와 분리될 수 있으니 티백을 제거한 후 서빙한다.

Hibiscus

'시그니처 카페 메뉴 교육', '우리 가게 시그니처 메뉴 찾기' 등 내 카페만의 주력 제품에 대한 니즈는 꾸준히 증가하고 있습니다.

시그니처 메뉴를 만들 때는 너무 낯선 메뉴보다는 대중에게 익숙한 메뉴를 기반으로 하고, 여기에서 조금의 변화를 주는 것이 좋습니다. 이는 고객들이 메뉴를 쉽게 받아들이고 빠르게 선택할 수 있도록 도와줍니다.

맛과 비주얼이 좋은 시그니처 메뉴를 선택할 때는 5~6개의 다양한 종류보다는 1~2개 메뉴로 집중하는 것이 판매 효율을 높이는 데 도움이 됩니다. 이렇게 하면 메뉴에 대한 집중도가 높아지고 고객들이 시그니처 메뉴라는 것을 좀 더 명확하게 인식할 수 있습니다.

시그니처 음료는 우리 매장만의 독특한 특징을 잘 보여주는 특별한 메뉴입니다. 이 음료는 카페의 개성과 차별화를 강조하며, 고객들에게 특별한 경험을 제공할 수 있어야 합니다.

시그니처 음료는 일반 음료보다 가격을 10~20% 정도 더 높게 책정하고 메뉴판에서 '시그니처' 마크 등으로 강조해 손님들에게 카페의 대표 메뉴로 인식될 수 있게 홍보하는 것이 중요합니다.

Signature

시그니처

" 블렌딩한 티에 우유와 연유, 각종 향신료를 넣고
끓여 만든 진한 로얄 밀크 티입니다. "

RICH ROYAL MILK TEA

리치 로얄 밀크 티

☑ 앞에서 소개한 '얼그레이 바닐라 밀크 티'와 다른 버전의 밀크 티로, 세 가지 홍차를 블렌딩해 향신료 와 함께 끓여 진하게 완성한 밀크 티입니다. 진한 밀크 티를 선호하는 분들에게 추천할 수 있는 메뉴 이며, 좀 더 라이트한 밀크 티를 선호하는 분들에게는 앞서 소개한 '얼그레이 바닐라 밀크 티(132p)'를 추천합니다.

☑ 사용하는 향신료의 종류와 양에 따라 완성된 밀크 티의 풍미가 달라지므로, 주요 고객층 또는 운영자 가 원하는 맛에 따라 향신료의 종류와 양을 조절해 사용합니다.

☑ 찻잎을 끓여 진하게 만든 밀크 티이므로, 180~200g 정도의 양으로 서빙하는 것이 적당합니다.

Ingredients

밀크 티★ (4잔 분량)

○ 아쌈 … 10g

○ 얼그레이 … 6g

○ 잉글리시 블랙퍼스트 … 4g

○ 뜨거운 물 … 200g

○ 설탕 … 5g

○ 우유 … 600g

○ 비정제 설탕 … 75g

○ 시나몬 스틱 … 1개

○ 정향 … 5개

○ 팔각 … 2개

Hot
390g (13oz)

○ 밀크 티★ … 200g

Ice
355ml (12 fl oz)

○ 얼음 … 180g

○ 밀크 티★ … 180g

밀크티 베이스

1

1

2

2

Recipe

밀크 티

1. 냄비에 아쌈, 얼그레이, 잉글리시 블랙퍼스트,
   뜨거운 물, 설탕을 넣고 약 3분간 가열한 후
   우유, 비정제 설탕, 시나몬 스틱, 정향,
   팔각을 넣고 약불로 약 7분간 가열해
   베이스를 만든다.

● 여기에서는 잉글리시 블랙퍼스트에 베르가못의
  향을 주기 위한 얼그레이, 밀크티의 색을 좀 더
  진하게 표현하기 위한 아쌈을 블렌딩해 사용했다.
  원하는 맛과 향, 색에 따라 블렌딩하거나 한 가지 홍
  차만을 사용해도 좋다.

2. 체에 걸러 냉장 보관한다. (최대 3일)

〉〉〉 HOT

1. 스티밍한 밀크 티를 컵에 넣는다.

● 스티밍한 밀크 티의 온도는 60~65℃가 이상적이며
  음료가 금방 식는 겨울철에는 70℃까지 올려
  완료한다.

2. 애플시나몬청(과육 1조각) 또는 시나몬 스틱
   등으로 마무리한다.

1. 얼음을 컵에 담고 밀크 티를 넣는다.

2. 애플시나몬청(과육 1조각) 또는 시나몬 스틱 등으로 마무리한다.

" 아보카도에 우유와 연유를 넣고 갈아 만든 스무디에 진한 에스프레소를 더한 음료.
아보카도를 좋아하는 여성층에서 특히 인기가 많은 메뉴로,
포만감도 높아 바쁜 아침 식사 대용으로 추천하기에도 좋은 메뉴입니다. "

AVOCADO ESPRESSO

아보카도 에스프레소

POINT

Ice Only
420g (14oz)

☑ 아보카도와 우유가 주재료인 만큼 포만감이 높아 직장인들이 많은 오피스 상권의 아침 메뉴로 추천하는 음료입니다.

☑ 에스프레소를 균일하게 섞는 것보다 아보카도 스무디 위에 샷을 부어 섞이지 않은 상태로 제공하는 것이 좋습니다. 이렇게 하면 시각적으로도 임팩트가 있을 뿐만 아니라, 아보카도 스무디와 에스프레소 각각의 맛과 향이 입안에서 섞이면서 조화되는 경험을 선사할 수 있습니다.

Ingredients

○ 우유 … 150g

○ 냉동 아보카도(딜라잇가든) … 60g

○ 만능밀크장(딜라잇가든) … 100g

○ 얼음 … 100g

○ 에스프레소 … 2shot (약 40g)

* 만능밀크장은 연유 50g 또는 연유(50g) + 우유(50g)로 대체 가능합니다.

1

1. 블렌더에 우유, 냉동 아보카도, 만능밀크잼을 넣고
   갈아 아보카도 스무디를 만든 뒤, 얼음이 담긴 컵에
   3/4 정도 담는다.

2. 추출한 에스프레소를 넣는다.

3. 남은 아보카도 스무디를 담아 에스프레소와
   자연스럽게 섞이도록 한다.

2

3

Avocado

" 사과의 달콤함과 향긋함, 시나몬의 은은한 여운을 함께 느낄 수 있는
가을과 겨울 시즌에 잘 어울리는 커피 음료입니다. "

CINNAMON RINGO LATTE

시나몬 링고 라테

☑ 사과의 달콤함과 시나몬 특유의 향의 조화가 좋은 이 메뉴는 사과의 계절인 가을에 시즌 메뉴로 판매하기 좋습니다. 다른 과일에 비해 산이 적은 사과는 커피와 잘 어울리는 재료이므로 커피와 페어링해 특색 있는 커피 메뉴로 판매하기에 좋습니다.

☑ 사과 시럽을 사용할 때는 상대적으로 신맛이 강한 풋사과 시럽이나 청사과 시럽을 사용하는 것보다 잘 익은 붉은 사과 시럽을 사용하는 것이 좋습니다.

☑ 시럽이나 청의 산도가 높으면 몽글몽글한 질감을 낼 수 있으므로, 사용하는 시럽에 따라 저지방 또는 무지방 우유로 대체합니다.

Hot 390g (13oz)	*Ingredients*	Ice 420g (14oz)

Hot 390g (13oz)

○ 에스프레소 ··· 2shot (약 40g)

○ 사과 시럽 ··· 30g
(애플시나몬청 35g으로 대체 가능)

○ 스팀 밀크 ··· 200g

○ 애플시나몬청(딜라잇가든) ··· 1개

○ 시나몬 스틱 ··· 1개

○ 시나몬 파우더 ··· 소량

Ice 420g (14oz)

○ 얼음 ··· 180g

○ 사과 시럽(모닌) ··· 30g
(애플시나몬청 35g으로 대체 가능)

○ 우유(또는 저지방 우유) ··· 160g

○ 에스프레소 ··· 2shot (약 40g)

○ 애플시나몬청(딜라잇가든) ··· 과육 1개

○ 시나몬 스틱 ··· 1개

○ 시나몬 파우더 ··· 적당량

Recipe ⟨⟨⟨HOT⟩

1. 컵에 추출한 에스프레소를 넣는다.

2. 사과 시럽을 넣는다.

● 애플시나몬청으로 대체 가능하다.

3. 스팀 밀크를 넣는다.

● 스팀 밀크의 온도는 60~65℃가 이상적이며 음료가 금방 식는 겨울철에는
70℃까지 올려 완료한다.

4. 애플시나몬청(과육 1조각)과 시나몬 스틱을 넣는다.

5. 시나몬 파우더를 소량 뿌려 마무리한다.

Recipe ◇◇ **ICE**

1. 컵에 얼음과 사과 시럽을 넣는다.

2. 우유를 넣는다.

3. 추출한 에스프레소를 넣는다.

4. 애플시나몬청(과육 1조각)과 시나몬 스틱을 올린다.

5. 시나몬 파우더를 소량 뿌려 마무리한다.

"몇 년 전 흑임자나 콩가루 등을 사용한
레트로 음료 열풍이 불었을 때 유행했던
흑임자를 사용한 커피 슈페너입니다.
흑임자 크림과 에스프레소를 함께 맛볼 수 있는 고소한 음료입니다."

BLACK SESAME CREAM SPANNER

흑임자 크림 슈페너

☑ 흑임자 특유의 고소함과 연유의 달콤함이 조화롭게 어우러지는 메뉴로, 어르신들에게 추천하기 좋은 음료입니다.

☑ 이 음료는 섞어서 제공하기보다는 첫 단계에서는 흑임자 크림의 고소함과 달콤함을, 중간 단계에서는 우유와 섞인 부드러운 맛을, 마지막 단계에서는 에스프레소의 진한 맛을 느낄 수 있게 섞지 않고 제공하는 것이 좋습니다.

☑ 이 음료는 6~7가지 정도의 커피 메뉴를 판매하는 카페에서 포인트 메뉴로 판매하기에 좋습니다.

Ice
300g (10oz)

Ingredients

우유 베이스★

○ 우유 ··· 500g

○ 생크림(서울우유) ··· 100g

○ 연유 ··· 75g

흑임자 크림★

○ 흑임자 고물(대두식품) ··· 20g

○ 생크림(서울우유) ··· 100g

○ 연유 ··· 75g

흑임자 슈페너

○ 얼음 ··· 100g

○ 우유 베이스★ ··· 100g

○ 흑임자 크림★ ··· 60g

○ 에스프레소 ··· 30g

Recipe

우유 베이스

우유, 생크림, 연유를 섞는다.

1

2

흑임자 크림

흑임자 고물, 생크림, 연유를 20초 이상 가볍게
휘핑한다.

● 휘핑의 정도는 2~3번 사진처럼 우유 위에 부었을 때
크림이 쌓였다가 평평해지는 정도가 적당하다.

3

Black sesame

흑임자 슈페너

1. 컵에 얼음과 우유 베이스를 담는다.

2. 흑임자 크림을 올린다.

3. 에스프레소를 넣는다.

● 흑임자를 올려 마무리해도 좋다.

" 고소한 땅콩 크림과 우유,
에스프레소를 넣어 만든 슈페너입니다. "

PEANUT CREAM SPANNER

땅콩 크림 슈페너

☑ 흑임자 크림 슈페너, 땅콩 크림 슈페너처럼 달콤한 크림이 올라가는 커피류는 300ml 이하의 작은 잔에 서빙하는 것이 좋습니다.

☑ 땅콩으로 유명한 우도의 땅콩을 사용한 파우더나 잼을 사용해 홍보 포인트로 활용해도 좋습니다. 이 경우 메뉴명도 '우도 땅콩 슈페너' 정도로 지어 지역명을 강조하는 것이 좋습니다.

☑ 흑임자 크림 슈페너와 마찬가지로 섞어서 제공하기보다는 첫 단계에서는 땅콩 크림의 고소함과 달콤함을, 중간 단계에서는 우유와 섞인 부드러운 맛을, 마지막 단계에서는 에스프레소의 진한 맛을 느낄 수 있게 섞지 않고 제공하는 것이 좋습니다.

Ice
300g (10oz)

Ingredients

땅콩 우유 베이스★

○ 땅콩 파우더 … 5g
(코스트코, 피비핏 피넛버터 파우더)

○ 뜨거운 물 … 10g

○ 우유 … 100g

땅콩 크림★

○ 땅콩 파우더 … 10g
(코스트코, 피비핏 피넛버터 파우더)

○ 생크림(서울우유) … 100g

○ 연유 … 30g

땅콩 슈페너

○ 얼음 … 100g

○ 땅콩 우유 베이스★ … 100g

○ 땅콩 크림★ … 60g

○ 에스프레소 … 30g

○ 토핑용 견과류 … 적당량
(트레이더스 프랄린 피칸)

Recipe

땅콩 우유 베이스

땅콩 파우더와 뜨거운 물을 충분히 섞어준 후,
우유를 섞는다.

땅콩 크림

땅콩 파우더, 생크림, 연유를 20초 이상 가볍게
휘핑한다.

● 휘핑의 정도는 2~3번 사진처럼 우유 위에 부었을
  때 크림이 쌓였다가 평평해지는 정도가 적당하다.

◇◇ ICE

땅콩 슈페너

1. 컵에 얼음과 땅콩 우유 베이스를 담는다.
2. 땅콩 크림을 올린다.
3. 에스프레소를 넣는다.
4. 땅콩 등 으깬 견과류를 올려 마무리해도 좋다.

이 파트에서는 시그니처 메뉴로 흑임자 크림과 땅콩 크림을 설명하지만, 블랙커피 위에 크림을 얹어 먹는 아인슈페너에 들어가는 크림의 활용도도 높다.

[아인슈페너 크림 레시피]
동물성 생크림 100g, 식물성 휘핑크림 100g, 설탕 20g을 20초 이상 가볍게 휘핑해 사용합니다. 휘핑 시간은 사용하는 기계에 따라 달라질 수 있으며, 앞선 메뉴들과 마찬가지로 우유 위에 부었을 때 크림이 쌓였다가 평평해지는 정도가 적당하다.

* 동물성 생크림과 식물성 휘핑크림을 섞어 사용하면 크림의 유지력을 높일 수 있고 단가를 낮출 수도 있다. 매장에 상황 또는 음료의 특징에 따라 생크림과 휘핑크림의 비율을 조정한다.

" 시칠리아산 모로 오렌지를 착즙한 주스에
라즈베리를 으깨어 넣은 음료.
간단하게 제조할 수 있지만
맛과 비주얼이 훌륭한 메뉴입니다. "

MORO ORANGE RASPBERRY PANG PANG

모로 오렌지 라즈베리 팡팡

POINT

Ice Only
420g (14oz)

- ☑ 아직은 낯설 수 있는 시칠리아산 모로 오렌지는 제주산 레몬처럼 지역 특유의 매력이 있는 재료입니다. 일반 오렌지보다 진한 색과 맛을 내며, 당도도 높고 향도 더 진한 것이 특징입니다. 매장에서 판매할 때 모로 오렌지에 대한 설명을 메뉴판에 간략하게 적어 먹어보고 싶은 궁금증을 유발하게 하는 것도 좋은 방법입니다.

- ☑ 이 음료에서는 라즈베리를 사용해 알이 씹히는 재미를 더했습니다. 라즈베리 대신 다른 베리류를 사용해 씹히는 재미와 비주얼을 동시에 업그레이드해도 좋은 메뉴입니다.

Ingredients

- ○ 얼음A ⋯ 2~3개
- ○ 모로 오렌지 주스 ⋯ 120g (딜라잇가든)
- ○ 시럽 ⋯ 20g
- ○ 냉동 라즈베리 ⋯ 20g
- ○ 물 ⋯ 30g
- ○ 얼음B ⋯ 180g

Orange

Recipe ◇◇ **ICE**

1. 셰이커에 얼음A를 넣는다.
   - 라즈베리가 얼음과 부딪히며 깨져 식감을 더해준다.
2. 모로 오렌지 주스를 넣는다.
3. 시럽을 넣는다.
4. 냉동 라즈베리, 물을 넣는다.
5. 셰이커 뚜껑을 완벽히 닫고 충분히 흔들어 섞는다.
6. 컵에 얼음B를 채우고 **5**를 넣는다.
7. 타임이나 애플민트 등의 허브류, 슬라이스한 오렌지 등을 올려 마무리한다.

음료의 장식으로 사용되는 허브의 종류

최근 개인 카페와 프랜차이즈 카페에서는 음료에 다양한 토핑과 시그니처 장식을 더해 개성을 표현하고 있습니다. 음료의 마지막 장식은 그 음료를 더욱 맛있고 먹음직스럽게 만들어 주는 중요한 요소입니다. 향이 강하지 않으면서도 음료의 매력을 한층 더해주는 허브 몇 가지를 소개합니다.

애플민트

동글동글한 잎이 귀여운 허브입니다. 쉽게 구할 수 있으며 향이 강하지 않아 어떤 음료에도 잘 어울립니다. 여러 가지 허브를 구비하기 어려운 작은 매장이라면 애플민트 하나로 다양한 음료에 장식하는 것이 좋습니다.

자스민

자스민 잎은 케이크 등 디저트 장식으로도 많이 사용되는 허브입니다. 자스민 특유의 은은한 향과 어울리는 티 베리에이션 음료에 사용하기에 좋습니다.

로즈마리

특유의 향이 강한 로즈마리는 시트러스 계열 과일이 들어가는 음료와 잘 어울리는 허브입니다. 뾰족하고 긴 잎이 특징이며, 음료 위에 올리거나 길게 잘라 컵 가장자리에 장식하면 시각적인 효과는 물론 은은한 향기까지 더할 수 있습니다.

타임

향이 약하고 보관이 쉬워 많이 사용되는 허브입니다. 에이드나 아이스 티에 적합하며, 음료에 넣어주면 작은 잎들이 음료의 공간을 채우며 세련된 장식을 제공합니다. 잎만 사용해도 좋고, 줄기째 길게 사용해도 좋습니다.

노무라

플레이팅용 허브로 칵테일이나 여름 음료에 잘 어울립니다. 음료 위에 올리거나 음료의 테두리에 장식하면 여름 분위기를 한층 끌어올려 줍니다. 특히 하이볼이나 탄산음료가 들어가는 여름 음료에 사용하면 좋습니다.

" 쉽게 구할 수 있는 시판 사과 주스에
바닐라빈 시럽과 패션프루트를 첨가해 시판 음료가
떠오르지 않을 만큼 완성도를 높인 음료.
제조 공정은 간단하지만 맛과 비주얼이 좋아
시선을 끌기에 더없이 좋은 메뉴입니다. "

APPLE PASSION VANILLA

애플 패션 바닐라

POINT

Ingredients

Ice Only
420g (14oz)

- ☑ 냉동 패션푸르트는 내일 하루 동안 사용할 양을 전날 냉장고로 옮겨 천천히 해동해 사용해야 신선함을 유지할 수 있습니다.

- ☑ 시각적으로 특색 있는 느낌을 주고 싶다면, 음료에 바질 잎을 올리거나, 사용하고 남은 바닐라빈 껍질을 장식해도 잘 어울립니다.

- ☑ 바쁜 매장에서는 시판 사과 주스에 재료들을 혼합해 쉽고 빠르게 만드는 형태의 음료가 효율적입니다. 쉽고 빠르게 제조할 수 있지만 맛과 비주얼 또한 훌륭한 음료입니다.

- ○ 얼음 ⋯ 180g
- ○ 사과 주스(아침에 사과) ⋯ 150g
- ○ 냉동 패션프루트 ⋯ 20g
  (딜라잇가든)
- ○ 바닐라빈 시럽 ⋯ 10g
  (돌체 마켓, 라라)

Recipe ◇◇ICE

1. 컵에 얼음과 사과 주스를 담는다.

2. 냉동 패션프루트 과육을 넣는다.

3. 바닐라빈 시럽을 넣는다.

4. 바질 등 허브류를 올리거나 사용하고 남은 바닐라빈 껍질을 꽂아
   마무리한다.

" 히비스커스 특유의 붉은 컬러와 상큼한 과일의 맛이 매력적인 티 뱅쇼입니다.
와인이 들어가지 않아 주류 판매가 허가되지 않은 일반 카페 매장에서 판매하기 좋으며,
가을과 겨울 시즌 메뉴로도 추천하는 메뉴입니다. "

HIBISCUS TEA VIN CHAUD

히비스커스 뱅쇼

POINT

Hot Only
390g (13oz)

☑ 날씨가 서늘해지는 가을부터 겨울까지 판매하는 시즌 음료로 추천하는 메뉴입니다.

☑ 와인을 넣고 끓여 만드는 뱅쇼가 아닌, 우린 히비스커스 티에 꿀, 건조 과일, 향신료를 넣어 완성하므로 티 음료를 주력으로 하는 매장에서 시그니처 메뉴로 판매하기에 좋은 음료입니다.

☑ 커피를 주력으로 하는 일반 카페에서는 겨울철, 특히 크리스마스 시즌 메뉴로 판매하기에 좋습니다.

Ingredients

○ 하와이안 히비스커스 티백(티 브리즈) … 1개

○ 뜨거운 물 … 300g

○ 잡화꿀 … 35g

○ 시나몬 스틱 … 1개

○ 정향 … 2개

○ 팔각 … 1개

○ 건조 자몽 … 1개

○ 건조 청귤 … 1개

○ 건조 레몬 … 1개

○ 냉동 크랜베리 … 적당량

Hibiscus

Recipe 🌶🌶🌶HOT

1. 컵에 하와이안 히비스커스 티백과 뜨거운 물을 넣고 2~3분간 우린다.
   - 사용하는 티백이나 음료의 종류에 따라 우리는 시간은 가감할 수 있다.
2. 잡화꿀을 넣는다.
3. 시나몬 스틱, 정향, 팔각을 넣는다.
   - 사용하는 향신료의 종류와 양은 매장의 상황이나 원하는 맛에 맞춰 조절합니다.
4. 건조 자몽, 건조 청귤, 건조 레몬을 넣는다.
5. 냉동 크랜베리를 3~4알 올린다.

하이볼은 위스키에 탄산수나 다양한 음료를 섞어 즐기는 칵테일로, 여름철에는 특히 시원하게 즐길 수 있는 음료로 인기가 높습니다. 하이볼은 위스키의 풍미와 탄산의 청량감이 조화를 이루어, 상쾌하고 가벼운 맛을 제공합니다.

최근 몇 년간, 하이볼은 다양한 변화를 겪어 왔습니다. 이제는 위스키뿐만 아니라 보드카, 데킬라 등 다양한 주류를 사용하여 하이볼을 만들 수 있습니다. 이렇듯 재료의 제약 없이 베리에이션을 시도함으로써, 각기 다른 맛과 스타일의 하이볼을 즐길 수 있습니다.

얼마 전 편의점에서 출시한 생레몬 하이볼의 품절 사태로 하이볼의 인기를 실감할 수 있는 만큼 주류를 판매할 수 있는 매장이라면 1~2종류의 하이볼 메뉴를 구성하는 것이 좋습니다.

이 책에서는 히비스커스 복분자 하이볼, 화채를 연상케 하는 수박 밀크 하이볼 등 K-food에 어울릴 수 있도록 색다르게 표현했으며, 생레몬 하이볼, 바닐라 얼그레이 하이볼처럼 대중적으로 선호도가 높은 메뉴의 업그레이드 버전도 함께 담았습니다.

High
ball

하이볼

" 직접 착즙한 생레몬과 위스키, 토닉워터만으로 만든
  가장 기본적이면서도 가장 인기가 많은 하이볼입니다. "

FRESH LEMON HIGHBALL

생레몬 하이볼

POINT

Ingredients

Ice Only
420g (14oz)

- ☑ 최근 큰 인기를 끈 편의점 생레몬 하이볼을 업그레이드한 버전으로, 상큼하면서도 시원한 맛이 특징입니다.

- ☑ 레몬을 직접 짜서 사용하는 대신 시판 레몬주스를 사용해도 좋습니다.

- ☑ 위스키(스카치)의 단가가 부담스럽다면 상대적으로 저렴한 하이볼용 위스키를 사용해도 좋습니다. 최근 하이볼의 인기로 다양한 종류의 위스키를 선택할 수 있습니다.

- ☑ 주류를 판매할 수 있는 카페라면 하이볼 메뉴는 필수입니다. 젊은 층 고객을 모을 수 있고, 고객들에게 보다 다양한 선택지를 제공하기에도 좋습니다.

○ 1/8로 조각낸 레몬 ⋯ 2개

○ 얼음 ⋯ 180g

○ 토닉워터 ⋯ 150g

○ 레몬즙(솔리드) ⋯ 10g

○ 위스키(스카치) ⋯ 15g

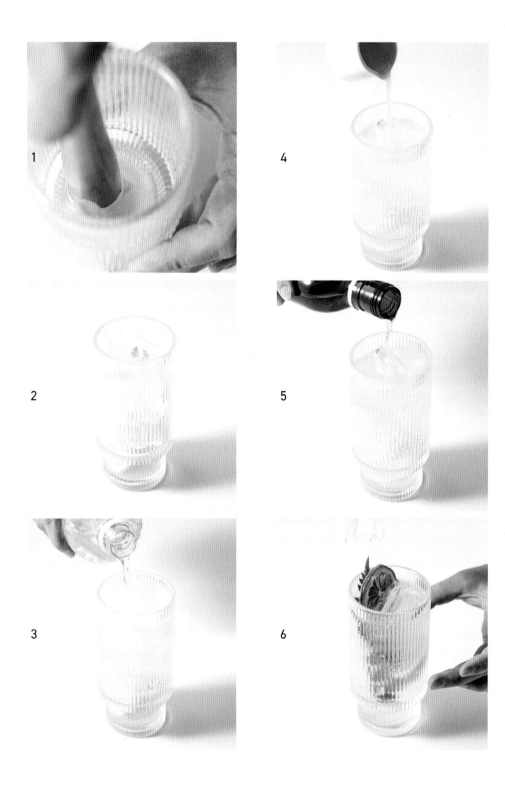

1

2

3

4

5

6

Recipe ◇◇ICE

1. 컵에 레몬을 넣고 머들러를 사용해 즙을 짜낸다.

2. 얼음을 가득 넣는다.

3. 토닉워터를 넣는다.

4. 레몬즙을 넣는다.

5. 위스키를 넣는다.

6. 노무라나 타임 줄기 등의 허브, 건조 레몬 등으로 마무리한다.

" 얼그레이 찻잎에서 뿜어져 나오는 베르가못의 향과
바닐라의 고급스러운 단맛이 조화로운 하이볼입니다.
가을에 특히 잘 어울리는 메뉴로, 부드러우면서 산뜻한 맛을 느낄 수 있습니다. "

VANILLA EARL GREY HIGHBALL

바닐라 얼그레이 하이볼

POINT

Ice Only
420g (14oz)

- ☑ 얼그레이의 향, 바닐라의 풍미, 레몬의 산뜻함이 조화로운 하이볼입니다. 바닐라빈 시럽이 들어가므로 토닉워터보다는 가당, 가향되지 않은 플레인 탄산수를 사용하는 것이 좋습니다.

- ☑ 위스키(산토리)의 단가가 부담스럽다면 상대적으로 저렴한 하이볼용 위스키를 사용해도 좋습니다. 최근 하이볼의 인기로 다양한 종류의 위스키를 선택할 수 있습니다.

- ☑ 주류를 판매할 수 있는 카페라면 하이볼 메뉴는 필수입니다. 젊은 층 고객을 모을 수 있고, 고객들에게 보다 다양한 선택지를 제공하기에도 좋습니다.

Ingredients

얼그레이 티
- ○ 얼그레이 티백(티 브리즈) ⋯ 1개
- ○ 뜨거운 물 ⋯ 30g

제조
- ○ 1/8로 조각낸 레몬 ⋯ 2개
- ○ 얼음 ⋯ 180g
- ○ 탄산수 ⋯ 150g
- ○ 레몬즙(솔리드) ⋯ 10g
- ○ 바닐라빈 시럽(돌체 마켓, 라라) ⋯ 35g
- ○ 위스키(산토리 가쿠빈) ⋯ 15g

Earl grey

Recipe ◇◇ ICE

1. 컵에 레몬을 넣고 머들러를 사용해 즙을 짜낸다.

2. 뜨거운 물에 얼그레이 티백을 넣고 2~3분간 우려 1에 넣는다.

● 사용하는 티백이나 음료의 종류에 따라 우리는 시간은 가감할 수 있다.

3. 얼음을 가득 넣는다.

4. 탄산수를 넣는다.

5. 레몬즙, 바닐라빈 시럽을 넣는다.

6. 위스키를 넣는다.

7. 노무라나 타임 줄기 등의 허브류, 건조 레몬 등으로 마무리한다.

" 히비스커스 티의 새콤함과 복분자의 달짝지근한 맛이 어우러진 한국적인 느낌의 하이볼입니다.
복분자 특유의 맛과 히비스커스의 상큼함이 조화를 이루어 독특한 맛을 제공합니다. "

HIBISCUS BLACK RASPBERRY HIGHBALL

히비스커스 복분자 하이볼

POINT

Ingredients

Ice Only
420g (14oz)

☑ 위스키 대신 한국 전통 술인 복분자주를 사용한 하이볼로 히비스커스 티, 라임, 크랜베리와 조합한 특색 있는 메뉴입니다.

☑ 크리스마스 시즌에는 냉동 크랜베리를 활용해 시즌 메뉴로 판매하기에도 좋습니다.

☑ 주류를 판매할 수 있는 카페라면 하이볼 메뉴는 필수입니다. 젊은 층 고객을 모을 수 있고, 고객들에게 보다 다양한 선택지를 제공하기에도 좋습니다.

○ 뜨거운 물 … 30g

○ 하와이안 히비스커스 티백(티 브리즈) … 1개

○ 얼음 … 180g

○ 레몬즙(솔리드) … 3g

○ 복분자주(보해) … 30g

○ 토닉워터 … 150g

○ 냉동 블루베리 … 4~5개

○ 냉동 크랜베리 … 4~5개

Raspberry

Recipe ◇◇ **ICE**

1. 컵에 뜨거운 물과 하와이안 히비스커스 티백을 넣고 2~3분간 우린다.

● 사용하는 티백이나 음료의 종류에 따라 우리는 시간은 가감할 수 있다.

2. 얼음을 가득 넣는다.

3. 레몬즙을 넣는다.

4. 복분자주를 넣는다.

5. 토닉워터를 넣는다.

6. 냉동 블루베리와 냉동 크랜베리를 넣는다.

7. 건조 레몬, 슬라이스한 라임, 노무라 등의 허브류로 마무리한다.

" 화채를 떠올리게 하는 부드럽고 달콤한 하이볼입니다.
술을 잘 못 마시는 분들이나 알코올의 향이 강하지 않은
하이볼을 찾는 손님들에게 추천하는 메뉴입니다. "

WATERMELON MILK HIGHBALL

수박 밀크 하이볼

POINT

Ingredients

Ice Only
420g (14oz)

☑ 최근 막걸리나 소주에 우유를 섞어 마시는 트렌드에 맞춰 보드카, 수박, 우유를 조합해 만든 하이볼입니다. 달콤하고 시원한 수박과 고소한 우유의 조화로 화채를 연상시키는 이 메뉴는 여름철 시즌 음료로 더없이 좋습니다.

☑ 우유와 연유가 들어가는 하이볼이므로 알코올의 향과 맛이 부담스러운 고객에게 추천하기 좋은 메뉴입니다.

☑ 수박의 산 성분과 우유의 지방 성분이 만나 몽글몽글한 질감이 될 수 있으므로 저지방 또는 무지방 우유를 사용하는 것을 추천합니다. (여기에 연유를 섞어주면 두 재료가 분리되는 것을 막을 수 있습니다.)

☑ 주류를 판매할 수 있는 카페라면 하이볼 메뉴는 필수입니다. 젊은 층 고객을 모을 수 있고, 고객들에게 보다 다양한 선택지를 제공하기에도 좋습니다.

○ 얼음 … 180g

○ 수박 주스(딜라잇가든, HPP) … 50g

○ 토닉워터 … 150g

○ 저지방 우유 … 10g

○ 연유 … 15g

○ 라임 보드카(앱솔루트) … 15g

Watermelon

Recipe ◇◇**ICE**

1. 컵에 얼음을 가득 넣는다.

2. 수박 주스를 넣는다.

3. 토닉워터를 넣는다.

4. 저지방 우유와 연유를 넣는다.

● 일반 우유의 지방 성분과 과일의 산 성분이 만나 몽글몽글한 질감을 만들
  수 있으므로 지방 함량이 낮은 저지방 우유를 사용한다.

5. 라임 보드카를 넣는다.

6. 건조 레몬과 건조 청귤, 노무라 등의 허브류로 마무리한다.

" 라임의 향이 느껴지는 보드카에 샤인머스캣의 달콤함을 더한 하이볼입니다.
라임 특유의 상큼함과 청량감으로 여름철에 특히 잘 어울리는 메뉴입니다. "

SHINE MUSCAT LIME HIGHBALL

샤인 머스캣 라임 하이볼

POINT

Ingredients

Ice Only
420g (14oz)

☑ 오이와의 조합도 좋은 메뉴입니다. 길고 얇게 썬 오이를 컵 안쪽에 붙여 장식하면 특색 있는 비주얼로 완성할 수 있습니다.

☑ 주류를 판매할 수 있는 카페라면 하이볼 메뉴는 필수입니다. 젊은 층 고객을 모을 수 있고, 고객들에게 보다 다양한 선택지를 제공하기에도 좋습니다.

○ 1/8로 조각낸 레몬 ⋯ 1개

○ 샤인 머스캣 베이스(딜라잇가든) ⋯ 20g

○ 얼음 ⋯ 180g

○ 토닉워터 ⋯ 150g

○ 레몬즙(솔리드) ⋯ 10g

○ 라임 보드카(앱솔루트) ⋯ 15g

○ 샤인 머스캣 ⋯ 2알

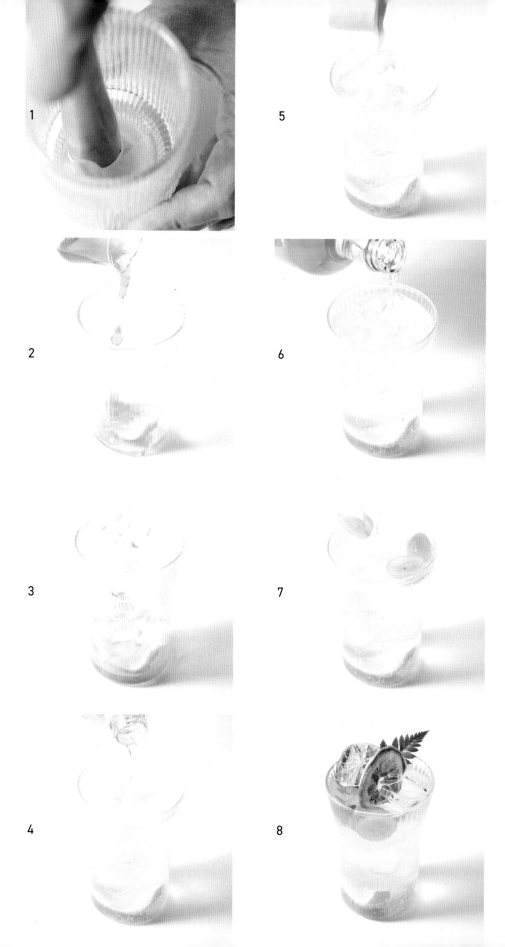

Recipe ◇◇ICE

1. 컵에 레몬을 넣고 머들러를 사용해 즙을 짜낸다.

2. 샤인 머스캣 베이스를 넣는다.

3. 얼음을 가득 넣는다.

4. 토닉워터를 넣는다.

5. 레몬즙을 넣는다.

6. 라임 보드카를 넣는다.

7. 샤인 머스캣을 잘라 넣는다.

   ● 샤인 머스캣 시즌이 아닌 경우 생략해도 좋다.

8. 건조 레몬, 건조 청귤, 노무라 등의 허브류로 마무리한다.

이 책에서 사용한 시판 제품들

바닐라빈 시럽(돌체마켓, 라라 바닐라빈 시럽)

사용한 음료: 딥 바닐라빈 라테(62p), 제주 말차 바닐라 라테(78p), 바닐라빈 레몬 소다(102p), 얼그레이 바닐라 밀크 티(132p), 애플 패션 바닐라(178p), 바닐라 얼그레이 하이볼(192p)

로스티드 아몬드 시럽(다빈치)

사용한 음료: 오틀리 아몬드 라테(64p)

자두 베이스(딜라잇가든 프룻스타)

사용한 음료: 자두 히비스커스 티(112p)

**라즈 퐁당
(딜라잇가든 프룻스타)**

사용한 음료: 생딸기 베리 라테(72p)

모로 오렌지 주스(딜라잇가든)

사용한 음료: 모로 오렌지 라즈 베리 팡팡(172p)

티 브리즈 티백

사용한 음료: 자두 히비스커스 티(112p), 허니 자몽 블랙 티(120p), 얼그레이 바닐라 밀크 티(132p), 히비스커스 핑크 밀크 티(144p), 히비스커스 뱅쇼(182p), 바닐라 얼그레이 하이볼(192p), 히비스커스 복분자 하이볼(196p)

만능밀크장(딜라잇가든)

사용한 음료: 제주 말차 밀크 티(138p), 아보카도 에스프레소(154p)

흑임자 고물(대두식품)

사용한 음료: 흑임자 크림 슈페너(164p)

땅콩 파우더(코스트코, 피비핏 피넛버터 파우더)

사용한 음료: 땅콩 크림 슈페너(168p)

애플시나몬청(딜라잇가든)

사용한 음료: 애플 캐모마일 시나몬 티(126p), 리치 로얄 밀크 티(150p), 시나몬 링고 라테(158p)

위스키(발렌타인 파이니스트)

사용한 음료: 생레몬 하이볼(188p)

위스키(산토리 가쿠빈)

사용한 음료: 바닐라 얼그레이 하이볼(194p)

복분자주(보해)

사용한 음료: 히비스커스 복분자 하이볼(196p)

라임 보드카(앱솔루트)

사용한 음료: 수박 밀크 하이볼(200p), 샤인 머스캣 라임 하이볼(205p)